KB015290

한국의 정원

한국의 정원

박경자 지음

"박경자 교수가 발로 쓴 한국 전통 정원 이야기!
그리고 한국다움"

서교출판사

차례

장승 솟대 · 9
The totem pole and the stick of old days

솟대 | 장승 | 국장생

옛길 · 23
The paths in ancient times

누정 · 31
The pavilions

누정(樓亭) | 모정(茅亭)

문 · 49
The gates

일각문(一角門), 홍예문(虹口門) | 사립문

담 · 61
The walls

울타리(시비柴扉) | 담장(Ancient walls in Korea)

삼국·통일신라시대 연못 · 75
The ponds in The Tree Nations and The United Silla

삼국시대 연못 | 통일신라시대 연못

조선시대 연못 · 115
The ponds in The Chosum Dynasty

도교 삼신산 ┃ 유교의 영향과 정형지 ┃ 자연주의와 비정형지

연못 · 175
The ponds

지당(池塘) ┃ 소당(小塘) ┃ 연당(蓮塘), 연지(蓮池), 하지(荷池) ┃ 방지(方池)

물흐름 · 203
The streams

비천(飛泉) ┃ 계간(溪澗) ┃ 간수(澗水), 석간(石澗), 송간(松澗) ┃ 폭포 · 10

석조 · 213
The stone troughs

우물 · 223
The wells

시대별 우물 ┃ 우물 유형

가산 · 239
The artificial stone mountains

석가산 ┃ 목가산 ┃ 옥가산 ┃ 괴석(An Oddly Shaped Stone)

장독대 · 267
JANG-DOK-DAE : household pottery dias

굴뚝 · 277
The chimneys

석등 · 287
A stone lantern

화계 · 295
Korean traditional terrace garden

밭 · 303
The court farms

채포 (약초밭, 채소밭) | 화오 (花塢, 꽃밭)

전통옥외계단 · 309
Traditional outdoor stairways

석수 · 315
The stone animals

마당과 정원식물 · 323
The court and garden plants

찾아보기 · 333

머리말

　　한국정원 특징은 한마디로 말하면 자연주의라고 할 수 있다. 꾸미되 꾸미지 않는 듯한 자연에 약간의 손질만을 더했던 자연미 넘치는 한국적 서정미가 녹아있다. 한국 정원은 중국, 일본 정원과 마찬가지로 크게 보면 산과 물로 구성되어 있다. 연못을 파고 주변에 인공 산을 만들고 건축물을 배치하고 나무를 심었다. 연못에는 연을 심고, 주로 네모난 형태를 취했으며 주변에는 작은 폭포에서 떨어지는 물줄기, 계곡에서 흐르는 물줄기가 있다. 우리 옛 문인들은 자연을 사랑하는 마음이 너무 커서 자신이 가보았던 빼어난 경치를 회상하며 돌과 흙으로 산을 만들어 쌓고 즐겼다. 그리고 인공으로 만든 가산에는 돌로 만든 석가산, 기이한 모양의 나무 등걸로 만든 목가산, 괴이한 모양의 괴석, 붓글씨 쓸 때 먹물을 담아 쓰던 옥가산 등이 있다.

　　필자는 40여 년 동안 정원에 천착하면서 세계적으로도 드문 사례로 꼽히고 있고 삼국통일 기운을 농축했던 안압지(월지) 연구를 시작으로 연못 등 조경구조물을 조사·연구해 왔다. 연못과 함께 산수경관을 이룬 석가산 연구와 동북아 정원, 즉 중국 정원, 일본 정원, 조선시대 정원의 비교연구와 통일신라시대 발굴된 연못의 복원 및 정비계획, 신라정원 연구와 포석정의 유상곡수 연구, 담양 시가문화권 누정 원림, 전통조경의 현대적 재해석 등을 연구했다. 그 밖에 한국 현대도시조경과 아파트 조경, 수경관 연구서와 중한 전통정원 비교연구서 등을 중국에서 출판해 왔다.

　본서는 지금까지의 한국의 정원에 대한 연구를 간략하게 그러나 집대성한 것이라고 생각한다. 연못과 가산을 중심으로 정원구조물, 정원건축물을 골자로 하고 있다. 본서의 내용은 한국 정원을 20개의 주제로 말하고 있다. 즉 솟대 · 장승, 옛길, 누정 (누정, 모정), 문 (일각문, 홍예문, 사립문), 담 (울타리, 담장), 삼국 · 통일신라시대 연못, 조선시대 연못, 연못 (지당, 연당 · 연지 · 하지, 방지), 물 흐름 (비천, 계간, 간수 · 석간 · 송간, 폭포), 석조, 우물, 가산 (석가산, 목가산, 옥가산, 괴석), 장독대, 굴뚝, 석등, 화계, 밭 (약포, 채포, 꽃밭인 화오), 옥외계단, 석수, 마당과 정원 식물들이다. 덧붙여 세계 속의 한국다움이 주목받고 있는 지금, 본서가 독자 여러분들께서 우리나라의 정원과 조경을 이해하고 현대생활에 맞게, 접근하는 데 유익했으면 하는 마음이다.

　본서는 저자가 쓴 한국전통조경구조물과 그동안의 연못, 석가산 등 한국 정원에 관한 연구물들을 포괄적으로 정리한 것이다. 어려운 출판 여건 속에서도 본서를 기꺼이 출판해 주신 서교출판사 김정동 사장님과 편집부 여러분들께도 깊은 감사를 드린다.

2015년 11월

慶堂 박경자

장승 솟대

The totem pole and the stick of old days

솟대는 나무나 돌로 만든 새를 장대나 돌기둥 위에 앉힌 마을의 신앙 형상이다.

음력 정월 대보름날 동제를 모실 때 풍년을 기원하며 돌기둥이나 긴 장대 위에 오리, 까마귀 등을

앉혀 마을 입구에 장승과 함께 세우는 솟대가 있고, 과거 급제를 기념하기 위해 급제자 집의 문 앞

이나 선산에 세우는 '화주대(華柱臺)' 또는 '솔대', 그리고 풍수지리상 배가 떠나가는 행주형(行

舟形) 지세의 마을에 배의 돛대를 형상화한 긴 대를 세우는 '당간'이나 '짐대'가 있다.

장승에게 인사드리는 모습

장승 솟대

The totem pole and the stick of old days

솟대

솟대는 나무나 돌로 만든 새를 장대나 돌기둥 위에 앉힌 마을의 신앙 형상이다. 음력 정월 대보름날 동제를 모실 때 풍년을 기원하며 돌기둥이나 긴 장대 위에 오리, 까마귀 등을 앉혀 마을 입구에 장승과 함께 세우는 '솟대'가 있고, 과거 급제를 기념하기 위해 급제자 집의 문 앞이나 선산에 세우는 '화주대(華柱臺)' 또는 '솔대', 그리고 풍수지리상 배가 떠나가는 행주형(行舟形) 지세의 마을에 배의 돛대를 형상화한 긴 대를 세우는 '당간'이나 '짐대'가 있다. 성격은 약간씩 다르지만 이들은 모두 마을 입구에서 마을 밖에서 들어오는 부정을 막으며 마을의 신성을 지키는 역할을 했다. 특히 액막이 기능을 강화하기 위해 사방의 입구나 마을 입구와 뒤쪽 모두에 세우기도 했다.

솟대는 단독으로 세우는 경우가 대부분이지만 장승이나 탑, 선돌, 흙더미 위에 솟대를 앉혀 함께 세우기도 했다. 솟대 위의 새는 주로 오리가 사용되었으나 남해안 일부와 제주도에서는 까마귀가 일반적이다. 기러기, 갈매기, 따오기, 해오라기, 왜가리, 까치 등도 간혹 볼 수 있다.

역사적으로 솟대는 청동기 시대(B.C. 1000-B.C. 300) 유물인 농경문 청동기 앞면의 나무새 그림에서 처음으로 나타난다. 만주, 몽골, 시베리아, 일본에 이르는 북·동북아시아의 광활한 지역에 분포하고 있다. 1969년 일본 오사카의 한 마을 입구에서도 야요이 시대(B.C. 300-A.D. 300)의 유물이 출토되었는데, 나무로 깎은 두 마리의 새가 물속에 잠겨 썩지 않은 상태로 발견되었다. 야요이 문화는 벼농사를 기반으로 하고 있는데, 이와 관련된 기술과 더불어 '잡귀를 막는 새' 솟대까지 함께 건너간 것이다. [1]

예나 지금이나 인간은 창공을 자유롭게 나는 새처럼 높이 오르고자 하는 염원을 안고 있다. 따라서 예부터 사람들은 신의 원형인 하늘에 다가고자 하는 소망을 대행할 존재로서 새를 숭배해 왔다. 새가 주는 이미지는 높다(高), 난다(飛翔), 자유롭다, 거침없다, 부딪히지 않는다, 가볍다 등 이상적인 의미를 두루 함축하고 있다. 특히 고대인들은 새가 태양에 가장 가깝게 도달할 수 있는 유일한 존재라고 믿어 왔는데, 태양 숭배사상과 새 숭배사상의 두 가지 원류는 밀접하게 결부된 동격의 문화로서 고대문화의 모든 영역에 광범위하게 걸쳐 있는 모

솟대(전남 장성군 동화면 동계마을)

형(母型)이다. 이러한 경향은 동서고금에서 두루 나타난다.

우리나라에서는 호남과 영남 지역에 전국 솟대의 약 90%가 집중되어 있다. 농경문화가 발달한 남부 지방의 우순풍조(雨順風調)[2] 사상이 솟대 신앙을 통해 다양하고도 분명하게 나타나고 있는 것이다.

솟대는 한국의 역사와 문화의 한 단면을 이해할 수 있는 중요한 민속자료로서 국사학에서는 삼한의 소도(蘇塗)를 해석하는 보조 자료로 활용되기도 한다. 소도에 관한 기록은 국내 역사서에는 없고 중국의 『후한서(後漢書)』, 『삼국지(三國志)』, 『진서』, 『통전』 등에 나타나는데, 이 가운데 『삼국지』「위서(魏書)」한전(韓傳)에는 삼한시대의 신앙·의례·정치·사회상을 보여 주는 다음과 같은 기록이 나온다. "국읍(國邑)에서 한 사람을 뽑아 천신에 대한 제사를 주관케 하고 이를 천군(天君)이라고 하였다. 이들 여러 나라에 각각 별읍(別邑)이 있는데 이를 소도(蘇塗)라 한다. 큰 나무를 세우고 거기에 방울과 북을 매달아 놓고 귀신을 섬기는데(蘇塗立大木 縣 鈴鼓 事鬼神) 도망자라도 그 속에 들어가면 모두 돌려보내지 않았다." 이 기록을 보면 소도는 농경 의식과 종교 제례를 주관한 천군에 의해 제의가 행해지는 신성 지역으로 별읍을 곧 성역으로 인식하고 읍락의 경계표로 간주하였음을 알 수 있다.

또한 솟대는 고고학에서는 농경문 청동기나 장대투겁 등 청동제 의기(儀器)가 갖는 종교적인 상징으로 해석하기도 하며, 민속학에서는 장승과 함께 마을의 대표적인 신앙 형상으로서 북아시아 여러 종족의 솟대와 비교해 볼 수 있는 중요한 자료이다.

장승

오늘날 제주도에서 전라남북도, 경상남북도, 충청남북도, 경기도, 강원도에 이르기까지 장승과 솟대가 고루 분포되어 있다. 특히 전라도는 전국 167개 장승 가운데 절반 가까이 되는 73개가 남아 있는 장

전남 영광군 묘량면 영당마을의 장승과 입석이 어우러진 모습

1 솟대(전남 장성군 동화면 동계마을)
2 할아버지 장승(전남 나주 운흥사 입구)
3 할머니 장승(전남 나주 운흥사 입구)
4 고사목 장승(전남 영산포 상고 내)
5 부안 동문안 할머니 장승(전북)
6 부안 동문안 할아버지 장승(전북)
7 부안 동문안 짐대(전북)
8 입석(전남 곡성군 삼기면 남계리)
9 장승(동방대장군. 전남 화순군 동북면 하가수리)
10 장승(서방대장군. 전남 화순군 동북면 하가수리)
11 짐대(전남 영광군 엽산면 반안리)
12 미륵(전남 장성군 북이면 원덕리)

승의 최대 잔존 지역이다. 따라서 여기에서는 장승문화의 옛 터전이
라 할 수 있는 전라남북도의 장승을 중심으로 장승에 대한 옛 기록과
장승의 역할과 기능 그리고 민속신앙에서의 장승의 위치, 현대 장승

의 상징적 의미 등을 살펴본다.

장승에 대한 기록은 전라남도 장흥군 보림사 보조선사영탑비에 '특교식장생표주(特敎植長生標柱)'라는 구절로, 건원2년(759년)에 왕명으로 세웠다고 하는 명문에서 최초로 확인된다. 또한 고려시대 대안 원년(1085년) 양산 통도사에는 나라에서 통첩을 받아 명에 의해 세워진 장승이라는 국장생 석비의 이두문 기록과 대안 6년(1090년) 영암 도갑사에 세워진 국장생 석비에도 이와 같은 기록이 있다.

장승이란 명칭은 조선시대 중종 22년(1547년) 최세진의 『훈몽자회』에 '당성후(堠)'란 기록이 나오는 것으로 보아 이때부터 장승이란 이름이 쓰인 것으로 보인다. 장승은 크게 벅수계와 장승계로 나눌 수 있는데 벅수계의 '벅수'는 법수(法首)의 변용으로서 실제 전라남도, 경상남도에서는 법수, 벅수라 부르고 벅수 지명이 있는 곳도 전국적으로 300곳이 넘는다. 『환단고기』에 '법수는 선인의 이름'이라는 기록이 있으며 화엄경 보살문명품(菩薩問明品)에 따르면 불교계의 법수보살은 불법 수호의 역할을 했다. 즉 벅수는 수호신의 역할로서 잡귀를 쫓고 성속(聖俗)의 구별을 위한 것이었다. 이와 달리 『경국대전』 공전(工典)에는 장승에 대해 30리마다 대후(大堠)를 세우고 10리마다 소후(小堠)를 세운다고 적혀 있어 장승이 이정표와 경계표의 역할을 했음을 알려준다.

장승의 무서운 모양은 천연두를 쫓기 위한 것이었다. 중국 송나라 승단(僧團)에는 아미산에 살고 있는 선인에 대한 이야기가 나오는데 정약용의 의서 『마과회통』에는 이 무서운 모양의 선인이 천연두를

물리칠 수 있다고 기록되어 있으며, 지리서 『여지도서』에는 뾰쪽
뾰쪽한 산 이름을 모두 아미산이라 했다고 기록돼 있다.

장승은 소나무, 밤나무, 오리나무, 또는 돌을 재료로 하여 얼굴을 귀
신이나 장군처럼 조각하는데 드물게는 노인, 선비, 문무관, 미륵, 보
살처럼 만들기도 했다. 불교 조각의 법의나 문무관의 조복(朝服)을
걸친 경우도 있으나 대부분 몸체의 세부를 과감히 생략하였다. 몸뚱
이에는 천하대장군, 지하여장군, 상원주장군(上元周將軍), 하원당장
군(下元唐將軍), 토지대장군, 방어대장군 등 각양각색의 글자를 새
겼고, 발밑에는 '홍천 (洪川) 삼십리', '춘천 팔십리' 식으로 거
리를 표시하기도 했다.

장승의 재해석 (전남나주시청 앞 버스정류장 휴게소)

국장생

　옛 장승 유물을 만나 볼수록 요즘 장승의 무서운 얼굴과는 달리 친근감 넘치는 이웃집 할아버지나 할머니상으로, 심지어는 장난기 가득한 동자상이나 낭자처럼 조각되어 있음을 알 수 있다. 국내에서 가장 오래된 전북 부안의 벅수상(1689년)은 영락없는 옆집 할아버지요, 할머니다. 부안과 멀지 않은 나주 다도면 운흥사 터의 벅수(康熙 五十八年: 1719) 한 쌍은 인자한 할아버지와 치아가 듬성듬성 빠진 우리들의 할머니 얼굴 그대로다. 전북 순창읍 돌벅수를 보면 몸통에 앙증맞은 두 손이 새겨지고 얼굴에는 연지와 곤지가 찍혀 있다. 오뚝했던 코는 누군가에 의해 다 쪼아져 읍내의 아들 귀한 집에 득남하도록 했다고 짐작해 볼 수 있고, 혀를 빼꼼히 내밀고 있는 장난기 가득한 모습은 무섭기는커녕 보는 이를 무장해제시키는 해학이 있다. 전북 남원 운봉의 서천 벅수는 과장된 큰 코와 탐욕스런 입술이 돋보이는데 머리 위에 삐뚜름하게 얹힌 듯 올려놓은 전립은 멋을 아는 조각가의 또 다른 재치이다. 이처럼 각지에 산재한 벅수에는 조각가의 개인적인 시각과 취향이 두루 반영되어 있다.

　사찰의 벅수들은 대체로 근엄하고 수문장으로서의 위엄을 지니고 있다. 하지만 이들도 가만가만 뜯어보면 벅수를 만든 이들의 심성이 그대로 담겨 있다. 나주 불회사 입구의 돌벅수는 잠자리 눈에 주름까지 선명한 콧잔등, 아귀 같은 큰 입에 생뚱맞게 새겨 넣은 조그마한 송곳니, 세 가닥으로 땋아 내린 타래 수염 등 그 파격의 신선함이 타의 추종을 불허한다. 남원 실상사 입구의 대장군상도 절집에 드나드는 어떠한 질병이나 악귀들도 제압할 것 같은 매서운 눈초리와는 상반되게 콧물 자국이 선명하고 다부진 입은 혀를 날름 빼물고 있어 벽수의 얼굴이 수문장으로서 결코 무섭게만 조각된 것이 아니었음을 보여 준다.

그렇다면 명색이 수호신상인 장승과 벽수의 얼굴들이 왜 이렇게 되었을까? 최소한 체면치레를 위해서라도 위엄 있고 무서운 상을 지녀야 할 텐데, 왜 마치 유치원 아이들이 제멋대로 그려놓은 듯 헤프고 익살스런 모습들일까?

그것은 역발상, 곧 부드러움이 굳셈을 제압할 수 있다는 유능제강(柔能制剛)에서 나온 것이다. 정말 무서운 사람은 얼굴에 감정을 쉬이 드러내지 않는 법이다. 웃고 있지만 그 단단한 내면에는 감히 함부로 대할 수 없는 강단이 있는 것처럼 말이다. 살다보면 험상궂은 인상파보다 싱글싱글 웃고 있는 미소파가 상대를 더 약하게 만드는 경우가 많다. 씨익 웃고 있으면 '저놈이 무언가 믿는 구석이 있어서 저리 웃고 있나?'라는 생각이 슬며시 드는 것이다. 강한 쇠토막은 부러지지만 나긋나긋한 버들가지는 잘 부러지지 않는 것처럼 때론 강한 것보다 부드러운 것이 한 수 위다.

마을 장승이나 사찰 입구 또는 성문을 지키는 벽수들은 개인의 창작이라기보다 그 집단의 구성원들이 집단으로 만든 공동 미술품이어서 그 모습이 익살스러워졌다고 생각되기도 한다. 이러한 민속신앙 형상을 만들 때는 끌이나 망치를 손에 들고 땀 흘리는 장인들 옆에서 술상을 앞에 놓고 사사건건 참견하며 시시비비를 가리는 전문가형 영감님들이 꼭 있기 마련이다. 어느 한 사람의 의중보다 다수의 생각이 합쳐진 까닭에 얼굴 모양이나 새의 형태가 이상스러워진 장승의 형체는 박식한 영감이 몸통에 소임(所任)을 적는 것으로 마무리됨을 알 수 있다.

　마을에 따라서는 아무렇게나 생긴 자연석을 곧추세워 만든 선돌을 그대로 모시거나 여기에 간단한 이목구비 또는 단순히 문자만을 그리거나 새겨 놓고 기도를 드리기도 한다. 조탑, 즉 돌을 쌓고 입석을 세운 장수와 벅수의 형태는 이후 깨달음을 얻어 부처가 되는 미륵으로 변화된 것으로 보인다. 조탑은 수구막이[3]로서 마을의 복록과 재화의 유출을 막고 외부의 재앙이 들어오지 못하게 하는 역할을 하며, 미륵이 담고 있는 득남, 치병, 소원성취 기원은 장승의 그것과 매우 흡사하다. 아울러 장승은 원래 보태어 채운다는 뜻으로 민속신앙과 결합한 경우 풍수지리설에 따라 국운을 돕는 기능을 말하는 비보, 즉 산천비보(山川裨補), 읍락비보 등 여러 기능이 있다.

　그렇다면 민속신앙에서 장승은 과연 어떠한 지위를 차지할까? 일반적으로 당산신이 상위신으로 자리했으며 장승, 솟대, 입석은 하위신이라 할 수 있다. 대개 마을마다 당산신인 할아버지 신과 할머니 신이 있었다. 할아버지 신은 산신으로 마을의 뒤쪽에 위치하고 소나무가 주가 되며 금기가 많다. 반면 할머니 신은 지신으로 마을 안이나 들 가에 위치한다. 은행나무, 팽나무, 느티나무 외에 간혹 왕버들, 동백나무도 사용되며 재물이 넉넉하고 금기가 적다.

　마을에는 매년 당산제가 열리는데 마을 공동으로 평안과 가축의 번성, 풍년을 기원한다. 이때에는 마을 전체의 1년 운세가 달려 있어 금기가 많고, 대체로 정원 보름에 열렸다. 당산제 행사로 줄다리기가 열

1 시국장승 (전남대학교 내) 3 입석, 솟대와 당산목이 어우러진 모습 (전남 곡성군 삼기면 남계리)
2 시국장승과 솟대 (성균관대) 4 입석 (전남 영광군 염산면 동월리 치산)

렸는데 줄은 용신(龍神) 즉, 용을 상징한다. 암줄과 수줄로 구분된 줄다리기에서는 모계 중심사상에 따라 반드시 암줄이 이겨야 하며 이긴 줄로 당산을 감는다. 당산을 감은 줄은 당신과 용신의 복합체가 된다. 또 당산을 감지 않은 줄로는 입석을 감는다. 이러한 장승은 일종의 수호신으로 마을 사람들은 이를 신령시하여 제사를 지내거나 치성을 드리는 신앙의 대상으로 여겼다.

오늘날 장승과 솟대의 기능은 질병 막음, 풍년 기원 등 구체적인 것에서 의술의 발달과 과학영농기술의 발달로 인해 추상적인 것으로 바뀌었다. 또한 장승에 새긴 명문도 천하대장군 같은 기존의 것을 탈피하여 마을의 이름을 새기는 등 마을을 안내하거나 전시하는 효과를 나타내고 있다. 그러나 유교풍이 강한 마을이나 기독교가 일찍 들어온 곳, 상가가 일찍 성립된 곳에서는 장승과 솟대에 대한 신앙심이 쇠락해 이를 찾아보기 힘들다.

1980년 중반부터 각 대학에 시국장승이 등장하였다. 학내문제부터 노동문제, 민주주의 정착, 통일염원, 자주, 여성해방 등에 대한 뜨거운 염원을 나타낸 표현이었다. 주로 교내 축제 때 행사 일정의 서두로 장승고사를 지내면서 세워진 것들이다. 이러한 대학 장승들은 고유 장승과 명분도, 장소도, 기능도 다르지만 수호신이라는 근본적인 개념으로는 일맥상통한다. 따라서 학교 장승은 우리 고유의 장승들을 현대에 맞게 재해석한 모습이라 할 수 있다.

---

1) 장주근(1998). 한국의 향토신앙. p. 57. 을유문화사
2) 우순풍조(雨順風調) : 농사에 알맞게 기후가 순조로움
3) 수구막이: 물이 흘러가는 것을 막는 것. 풍수에서 득(得)이 흘러가는 것을 막는 것. 전라남북도 내륙지방에서는 수구막이 기능을 하는 조탑을 세우기도 한다.

옛길

The paths in ancient times

조경학을 처음 시작할 때부터 필자는 동선체계(動線體系)로서의 길에 관심을 가졌다.

시간이 지나 관심 분야가 문화재 조경(文化財 造景)으로 옮겨갔으나 우리의 동선체계, 즉 옛길에

대한 관심은 지속되었고 그것이 지금 이 글을 쓰는 동기이기도 한다. 마침 제8회 향토사 연구 전국

학술대회 강연집을 친우로부터 얻어 자료가 거의 없었던 옛길에 대한 호기심이 다소 충족되었다.

용인민속촌 길

옛길
The paths in ancient times

조경학을 처음 시작할 때부터 필자는 동선체계(動線體系)로서의 길에 관심을 가졌다. 시간이 지나 관심 분야가 문화재 조경(文化財 造景)으로 옮겨갔으나 우리의 동선체계, 즉 옛길에 대한 관심은 지속되었고 그것이 지금 이 글을 쓰는 동기이기도 한다. 마침 제8회 향토사 연구 전국 학술대회 강연집을 친우로부터 얻어 자료가 거의 없었던 옛길에 대한 호기심이 다소 충족되었다. 물론 옛길에 대한 필자의 관심은 광의의 포괄적인 길에 대한 것이다. 그러나 단지계획(團地計劃) 시 반드시 구획하는 길에 대한 것도 포함하고 있다. 덧붙이는 사진자료는 위의 단지계획 시 만들면 좋겠다고 생각되는 옛길들에 대한 것이다.

길과 문화현상을 횡적 관계가 아닌 종적 발달사로 파악할 때 옛길

용인민속촌 길

전남 나주 남평면 동사리 길

은 중앙정권의 명령하달의 통치수단에 필요한 점과 점의 연결선이었다. 그래서 우리 역사에서의 옛길은 중앙정치의 명령하달이나 지배수단의 필요에 의해 이용되는 간선이었을 뿐이다. 물론 이와 다른 측면으로 문물 교류와 재화 수송을 위한 교통체계의 기능도 있었으나 교통수단이 발달하지 않은 시절에는 수송은 삼면이 바다로 둘러싸인 반도에서는 육로보다는 더 편리한 해로가 더 큰 몫을 차지하고 있었다. 일찍이 서양에는 소금을 공급받기 위한 길 혹은 호박도로, 비단길, 도자기길 따위의 길이 존재했다. 이를 일컬어 실크로드, 그라스로드, 차이나 로드 등의 이름을 붙여 치정(治定)을 위한 로마제국의 로만로드와 구분하는데 이는 장삿속의 교역관계를 중시하는 경제사적인 측면에서 길을 파악한 것이라 할 수 있다.

조선은 내륙성 왕조 중심으로 육로를 주로 이용했으며 중국과의 교류는 해로보다는 육로를 선호했다.

조선시대 봉수로(烽燧路)가 국방위기 상달의 통신망이었다면 역로(驛路)는 왕권명령 하달의 통신 및 교통망이었다. 이에 따라 그 교통망은 직선인 지름길을 택하면서 군사시설이나 지방통치 중심을 연결하는 체계를 갖추고 있었다. 그러므로 문물 수송을 위한 도로로서 평탄한 길을 택해 우회하기보다는 불편할지라도 신속성을 위주로 험한 길을 택한 경우가 많았다. 이는 길이 갖는 경제적, 사회적 기능과 실리를 중시한 실학자들이 개혁을 주장하는 근거이기도 했다. 특히 중상개혁(中商改革)을 위한 도로정비를 주장한 학자는 박제가(朴齊家 : 1750~1815)였고 1884년 김옥균은 치도(治道) 부국자강론을 펴기도 했다.

조선 태종 15년(1415)에는 도로의 이수(里數)를 측정하여 이정표(里程標)를 세우고 여행자들의 쉼터를 설치하였다. 도로의 이수는 명(明)나라 척관법(尺貫法)에 의하여 시행하였다. 주척(周尺)으로 6척(尺)을 1보(步)라고 하고, 360보를 1리(里)로 하며 10리마다 소후(小喉)를 세우고 30리마다 대후(大喉)를 세웠으며, 이 30리를 1식(息)이라 하여 쉼터를 설치하였다. 또 1식마다 역(驛)을 두거나 원(院)을 두었다. 또한 5리마다 정자(亭子)를 세우거나 30리마다 느릅나무와 버드나무를 심기도 하였다. 이것은 여행자의 길을 인도하고 휴식장소를 제공하기 위해서였다.

옛 기록은 이러하지만 소후나 대후가 남아 있는 곳은 없고 원(院)터도 흔적을 찾아볼 수 없다. 재미있는 현상은 옛날 원터 자리에는 현재 대부분 주유소가 자리 잡고 있다는 점이다. 도로를 대로(大路), 중로(中路), 소로(小路)로 구분하였는데 대로는 한성(漢城)~개성(開城), 한성(漢城)~죽산(竹山), 한성(漢城)~직산(稷山), 한성(漢城)~포천(抱川)으로 4곳을 지정하여 연결하였다. 중로는 한성(漢城)~양근(楊根), 개성(開城)~중화(中和), 죽산(竹山)~상주(尙州),

전남 영광군 묘량면 연당마을 길

진천(鎭川)~성주(星州), 직산(稷山)~전주(全州), 포천(抱川)~회양(淮陽)으로 6곳을 지정하였으며 소로는 기타 도로로 하였다. 이때 도로의 넓이는 영조척(營造尺)[4] 으로 계산하여 대로는 56척(尺:17.48m), 중로는 16척(尺:5m), 소로는 12척(尺:3.43m)으로 하였다.

이러한 옛길에 대한 문학작품은 특히 서울로 오가는 연정을 담은 염정, 애정소설이 많이 남아있다. 이러한 염정소설에는 『운영전』, 『춘향전』, 『숙영낭자전』 등이 있다.

여기에서는 전라남도와 북도의 경계인 옛길 장성(長城) 갈재~정읍 길목과 관련된 시조를 소개해 본다. 강렬한 사랑의 의지를 노래한 것으로, 가식이나 허세를 부리지 않고 솔직하게 그린 작자 미상의 사설 시조이다.

바람도 쉬여 넘는 고개

구름이라도 쉬여 넘는 고개

산진이 수진이 해동청 보라매라도

다 쉬여 넘는 고봉 장성재 고개

그 넘어 님이 왔다하면 나는 아니 한 번도

쉬여 넘으리라.

---

4) 영조척 : 조선시대에 사용된 길이의 단위. 곡척의 1.099尺(1자 9푼 9리)에 해당함. 31cm 내외.

누정

The pavilions

누정은 『동국여지승람』에 의하면 누(樓), 정(亭), 당(堂), 대(臺), 각(閣), 헌(軒), 청(廳) 관(館)·(觀), 방(房) 등을 포함한다. 『삼국유사』나 『삼국사기』에 '누', '정' 혹은 '누각(樓閣)' 이라는 용어가 등장한다.

전남 담양 소쇄원 소쇄정

누정

The pavilions

누정(樓亭)

누정은 『동국여지승람』에 의하면 누(樓), 정(亭), 당(堂), 대(臺), 각(閣) 헌(軒), 청(廳) 관(館)·(觀), 방(房) 등을 포함한다. 『삼국유사』나 『삼국사기』에 '누', '정' 혹은 '누각(樓閣)'이라는 용어가 등장한다. 『삼국유사』에는 신라 소지왕이 즉위 10년 정월에 천천정(天泉亭)에 행차했다는 기록이 있고, 『삼국사기』에서는 고구려 유리왕이 즉위 3년에 화희(禾姬)와 치희(雉嬉) 두 계비를 별거시키기 위해 동서에 별궁을 축조했다는 기록과 백제 개로왕이 즉위 21년에 나라 사람들을 징발하여 흙으로 성을 쌓은 뒤 그 안에 궁실과 누각, 대사(臺榭)를 지으라고 명하였으며, 동성왕(東城王)이 즉위 22년에 궁 동쪽에 임류각(臨流閣)을 세우고 못을 파 기이한 짐승들을 길렀고, 무왕이 즉위 35년에 궁 남쪽에 못을 파고 방장선산(方丈仙山)을 만들었다는 기록이 있다.

대는 불교적, 군사적 목적에 따라 지어졌고, 누정은 궁실을 위한 원림의 조성과 군신 간에 놀며 쉬는 곳으로서 조영되어 후대에는 사대부들이 풍류를 즐기는 장소로 사용되었다.

성의 둘레에는 관망용 누를 설치하였다.

조선 중기의 문신 · 학자 조찬한(趙纘韓)이 현주집(玄洲集)에 쓴 「풍정기」는 작은 연못인 담(潭)과 주변에 높게 쌓은 대(臺)와 당(堂)건축물 주위에 꽃과 나무들이 어우러진 풍경을 그리고 있다.

소에서 위로 올라가면 시내에 인접하여 서 있는 것이 작은 단풍나무 한 그루인데 높이는 한 자가 되지 않지만 잎이 매우 붉다. 또 그 위에 작은 단풍나무가 앞의 것과 마찬가지로 있다. 또 철쭉 덤불 하나가 폭포 아래에 있다. 소에서 서쪽으로 가면 곧 대(臺)가 있는데, 대는 넓고 탁 트여 수십 명이 앉을 수 있었다. 하늘거리는 단풍나무 가지는 우산을 펼쳐 놓고 덮개를 씌워놓은 듯하며, 잎은 무성하고 빽빽하여 하늘과 해가 보이지 않았다. 대에는 춘백(春柏) 두 그루, 납매(臘梅) 두 그루, 벽오동 한 그루가 있다. 대 옆에는 삼층의 섬돌이 있고, 섬돌은 굽은 담장 밖에 있는데 담장 안이 곧 당이다. 섬돌에서 빼어난 것으로는 동백과 춘백(春柏) 네댓 그루, 목련 두 그루, 매화 한 그루, 가지가 청색인 사계화(四季花)와 석류가 각각 한 그루, 모란이 또 한 그루, 구기자 몇 줄기, 복숭아나무 한 그루가 있다. 대 십여 그루는 모두 검은데 듬성듬성 심어져 있고 특출한 것은 드물었다. 섬돌에서 동쪽으로 가면 국화 한 떨기가 있고 국화 뒤에는 곧 오동나무가 있는데, 오동나무는 두 그루이고 모두 푸른색이었다.

오동나무 옆에는 큰 단풍나무 두 그루가 있는데 서로 빽빽하니 울창하여 정자에 있는 단풍에 버금갈 정도로 청홍색을 띠고 있었다. 단풍 아래는 곧 골짝인데, 골짝에는 높이가 백 척이나 됨직한 장송이 있었다.

–조찬한의 『현주집(玄洲集)』 권15. 풍정기(楓亭記)–

중국의 『사기』에 의하면 신선들이 누에서 살기를 좋아하므로 이를 갖추고 신인(神人)이 오기를 기다렸으며, 방사(方士)가 한무제에게 이르기를, 옛날 황제(黃帝)가 오성십이루(五城十二樓)를 짓고 신인이 오기를 기다렸다고 말하자 무제가 신명대(神明臺)와 정간루(井幹樓)를 세웠다. 또 황제의 <명당도(明堂圖)>에는 서쪽에 벽이 없고 띠풀로 지붕을 한 하나의 전이 있는데 통수(通水)로 두른 궁원(宮園)에 복도를 만들고 그 위에 누를 세운 것이 누의 시작이라고 말하는 대목이 있다. 이러한 기록들은 누가 신선사상과 관련이 있으며, 그 역사가 매우 오래되었음을 보여 준다. 중국에서는 이미 기원전에 무위자연을 주장하던 노자와 장자가 출현하였고, 진시황과 한무제 등은 못을 파고 신선이 산다는 봉래, 방장, 영주 세 섬을 만들었다.

우리나라의 누정도 신선사상을 배경으로 하고 있다. 『삼국사기』에는 고구려 영류왕 7년에 당 고조의 명에 따라 천존상(天尊像)과 도법(道法)을 갖고 온 도사로부터 노자에 대한 강론을 듣고 교법(敎法)을 배웠다. 백제의 무왕이 궁 남쪽에 연못을 만든 뒤 20여 리에서 물을 끌어들이고 사방의 언덕에 버드나무를 심고, 못 속에 섬을 만들어 방장선산을 모방하고, 망해루(望海樓)에서 군신들에게 잔치를 베풀었다고 한다.

신선사상의 영향을 받은 누정으로는 신선이 하강한다는 이름의 강선루(降仙樓), 유불선의 세계가 융합된 부용정(芙蓉亭), 신선의 유휴처 금선정(錦仙亭), 신선의 거처 방호정(方壺亭), 달 속의 궁궐 광한루(廣寒樓), 신선이 잠자는 수선루(睡仙樓), 묘유(卯有)의 충만을 드러내는 함허정(涵虛亭), 그리고 절대적 자유를 나타내는 소요정(逍遙亭) 등이 있다.

불교사상을 배경으로 하는 누정은 서방정토의 다른 이름인 안양루, 위대한 스님의 행적이 배어 있는 의상대(義湘臺)가 있다. 또 유교사상을 배경으로 하는 누정에는 덕을 존중하는 존덕정(尊德亭), 유교의 이상적 인간상을 나타내는 군자정(君子亭), 군신 간의 즐거운 만남을 의미하는 경회루(慶會樓), 경계하고 자중하는 자세를 표현한 경정(敬亭), 형제지간의 우애를 담은 경체정(景棣亭)과 체화정(棣華亭), 명분 있는 출처의 선택 명옥헌(鳴玉軒), 나서지 않고 자중하는 식영정(息影亭), 지조를 부귀와 바꾸지 않는 하환정(何換亭), 진리를 위한 정신적 용기 호연정(浩然亭), 밝은 본성의 근원 활래정(活來亭) 등이 있다.

이 밖에 풍류·은일사상을 배경으로도 한다. 달을 농하는 풍류 농월정(弄月亭), 산으로 시비소리를 둘러막은 농산정(籠山亭), 지자(智者)들의 소요처 요수정(樂水亭), 풀에서 천지 기운의 생동을 보는 초간정(草澗亭), 유유자적한 만년의 휴식 만휴정(晚休亭), 물의 근원을 찾는 심원정(心遠亭), 홀로 즐기는 독락당(獨樂堂) 등이 있다.

농월정(弄月亭), 농산정(籠山亭), 요수정(樂水亭), 초간정(草澗亭), 만휴정(晚休亭), 심원정(尋源亭), 독락당(獨樂堂), 임덕원의 불환정(不換亭)이라는 이름은 '삼공불환비강산(三公不換比江山)'이라는 옛시에서 나온 것이며, 아름다운 강산을 영의정, 좌의정, 우의정의 삼정승과 바꿀 수 없다는 뜻이다

精舍三間築　세 칸짜리 정사를 세우니
依然遠俗居　의젓하니 속세와 떨어져 있네.
疎籬仍柳菊　성근 울타리에 버들과 국화를 심고
淸案整琴書　깨끗한 책상엔 거문고와 책이 정돈되었네.
蹙口鋤蔬後　입 삐죽이며 채소밭 김맨 뒤
攢眉採藥餘　눈썹 찌푸리며 약초를 캐네.
－임덕원의 불환정(不換亭) 시판. 불환정원운(不換亭原韻)－

　『고려사』에는 태조 원년(918년)에 의풍루(儀風樓)를 지어 불교행사를 열었으며, 목종 10년(1002년)에는 연못을 만들고 높은 대를 지어 감상하고 즐기는 장소로 사용했고, 문종 10년(1056년)에 태자와 여러 왕족들에게 동지누각(東池樓閣)에서 연회를 베풀고 시를 짓게 하였으며, 예종 9년(1115년)에는 그곳에서 무사를 뽑았다. 문종 24년(1070년)에는 연경궁 후원 상춘정(賞春亭)에서 곡수연을 행하였는데 그 앞에는 팔각전(八角殿)과 팔선전(八仙殿)이 있었다. 이인로의 『파한집(破閑集)』에도 예종이 청연각(淸燕閣)을 짓고 학자들과 학문을 토론하고 시를 짓게 하였다고 기록돼 있다.
　사찰에 세워진 고루(鼓樓), 종루(鐘樓), 등루(燈樓), 문루(門樓) 등도 누정의 일종이다. 이 시기의 불교 누정 중 유명한 것으로는 평양

영명사(永名寺)의 부벽루(浮碧樓), 진주 용두사(龍頭寺)의 촉석루(矗石樓), 밀양 영남사(嶺南寺)의 영남루(嶺南樓), 울산 태화사(太和寺)의 태화루 등이 있다. 고려 때 승려 종혁(宗赫)이 능파사(凌波寺)를 짓고 글을 청하자 이규보가 이에 응하여 써 준 「능파정기(凌波亭記)」는 승려 유관(遊觀)을 위해 누를 지었다는 내용으로, 누정의 불교적 성격을 잘 보여 준다. 이 밖에 성종의 명으로 서거정(徐居正) 등이 중심이 되어 편찬한 우리나라 역대 시문선집 『동문선(東文選)』에도 많은 누정기가 실려 있다. [5]

조선시대에는 유교적 성격의 누정이 많이 건축되었다. 김수온은 그의 저서 「백운정기(白雲亭記)」에서 누정의 이름은, 첫째 백성을 사랑하는 뜻이 담겨야 하며, 둘째 담백함을 달게 여기고 청소(淸素)함을 지켜서 염치를 가다듬고, 셋째 조망이 자유로운 정자의 경관을 따르는 한편, 넷째 고을 이름과 어울려야 한다고 했다.

김득연이 지은 지수정(止水亭) 현판의 지수는 거울같이 맑은 물을 담은 작은 못이라는 뜻이다. 송문헌의 병천정(瓶泉亭) 기문 현판에는 병천의 뜻 풀이와 병천정사(瓶泉精舍) 건축물을 설명했다.

爲築小塘貯一鑑 작은 못 만들어 거울 같은 물 담아 놓았으니
名亭止水職所由 정자 이름 지수(止水)라 한 것 바로 이 때문이지.
—김득연의 지수정(止水亭) 시판. 지수정원음(止水亭原韻) —

(전략) 병천(瓶泉)의 옛 이름은 '병천(屛川)'이다. 두 산이 병풍 같았기 때문에 붙여진 이름이다. 그 골짜기가 모두 큰 바위 절벽으로 되어 있고 바위의 모

습은 매끄러워 얼음 같다. 구불구불한 바위 사이로 물이 흐르는데 영롱하고 기괴한 것이 형언할 수가 없다. 대략 교룡이 자리를 잡고 있는 흔적 같아 '용유동(龍遊洞)'이라고도 한다. 물이 바위 틈으로 흐르다가 여러 못으로 흘러 들어가는데 큰 바위가 덮여 있어서 흐르는 곳이 병 입구 같다. 그러므로 선친께서 이곳의 이름을 고쳐 '병천(甁泉)'이라 하셨다. 그리고 바로 그 북쪽 언덕에 정자를 지어 '영롱정(玲瓏亭)'이라 하였다. 가운데 네 기둥으로 방을 만들어 '영청실(永淸室)'이라 하였고, 밖에는 여덟 기둥을 둘러 동남쪽에 마루를 만들고 서북쪽에 협실을 만들었다. 이를 모두 '병천정사(甁泉精舍)'라 하였다. (후략)
―송문헌의 병천정(甁泉亭) 기문현판―

『세종실록지리지』에 의하면 조선시대 초기 누정의 수는 불과 60여 개에 불과했다. 지방 수령들이 백성은 돌보지 않고 누각을 지어 술 마시고 시를 짓는 데 빠져 있는 것을 못마땅하게 여긴 세종이 누정 건축을 금했기 때문이다. 성종 역시 종실(宗室)과 재추(宰樞)들이 강가에 정자를 짓고 연회를 여는 것을 탐탁찮게 여겨 한강변에 지은 정자를 없애라는 명을 내렸다. 조선 중기에 들어서면서 누정 건축이 조금씩 활기를 띠었으나 임진왜란과 병자호란으로 많은 누정이 소실되고 17세기 후반 이후 조선 후기부터는 누정을 많이 찾게 되어 누정의 건축 수가 비약적으로 증가하며, 누정은 정사, 행사, 연회의 장소와 강학과 향약, 휴식과 후학 양성의 공간으로도 활용되었다.

  누정의 입지환경은 첫째, 경관이 좋은 산이나 대(臺) 또는 언덕 위에 위치하여 산을 등지고 앞을 조망할 수 있는 곳이다. 산꼭대기나 절벽 위에 전망대로서 지은 누정도 있다. 고려시대의 안축(安軸)은 「

취운정기(翠雲亭記)」에서 "무릇 관동(關東)의 누대와 정자는 모두 높고 광활한 곳에 있다."고 하였는데, 간성의 만경루(萬景樓)가 그 예다. 서거정, 정인지, 권근 등 당대 학자들도 "누각이 한 고을의 뛰어난 경치들을 독차지하고 있으며, 멀리 있는 뛰어난 경치들이 모두 주렴과 책상 사이에 다 모였다."고 하였다.

김현제의 영락정 시판에는 영락정 주변 경치를 묘사했다.

錦屛繡帳後前開 비단병풍이나 수놓은 휘장과 같은 산이 앞뒤로 펼쳐졌는데
檻外淸流抱石廻 난간 밖으로 맑은 시냇물이 바위를 돌아 흐르네.
-김현제의 영락정(永樂亭) 시판-

둘째, 냇물이나 강물, 호수, 바다 등과 마주했다. 특히 바다를 면한 정자는 선경(仙境)의 산세를 끼고 동해에 접한 관동지방에 많이 있다. 평해(平海)의 망양루(望洋樓), 통천의 총석정(叢石亭), 속초의 청간정(淸澗亭) 등이 대표적이다. 채수(蔡壽)는 『신증동국여지승람(新增東國輿地勝覽)』 권45 평해군 누정 조에서 망양정에 대해 "우리나라를 봉래, 방장과 같은 산수 좋은 신선의 고장이라 하는데 그중에서도 관동이 제일이며, 백미로 꼽히는 관동의 누대 중에서도 가히 으뜸"이라고 극찬하였는데, 이는 망양정이 바다를 전망할 수 있는 승지(勝地)에 위치하기 때문이다. 강변에 면한 것으로는 삼척의 죽서루(竹西樓)와 부여의 백화정(百花亭)을 들 수 있으며 둘 다 강가의 절벽 위에 세워졌다. 호숫가에 있는 정자로는 제천 의림지(義

林池)의 경호루(鏡湖樓)와 영호루(映湖樓) 등이 있다.

셋째, 궁궐 후원, 정원 등에 위치한다. 『고려사절요』를 보면, 고려 의종 11년 4월에 "대관(大闕)의 동쪽에 별궁을 이루었다. …민가의 50여 호를 헐어 태평정(太平亭)을 짓고 태자에게 명하여 편액을 쓰게 하였다. 주위에 명화와 기이한 과실을 심고 좌우에 화려하고 진기한 물건을 나열하였다. 정자의 남쪽에 연못을 파서 그 북쪽에는 관란정(觀瀾亭)을 세워 푸른 기와로 덮고 남쪽에는 양화정(養和亭)을 세워 직죽(稷竹)으로 덮었다. 또 옥석을 갈아 환희대(歡喜臺)와 미성대(美成臺)를 쌓고 괴석을 모아 선산(仙山)을 만들었으며 멀리서 물을 끌어다가 비천(飛泉)을 조성하는 등 사치와 화려함을 다하였다."는 기록이 있다. 창덕궁의 후원에는 누나 당을 제외한 이름 있는 정자가 17개소에 이른다. 민가에서도 정원에 누정을 세운 경우가 있다. 조선시대 중종 때의 양산보(梁山甫)는 담양 소쇄원(瀟灑園) 안에 광풍각(光風閣)과 제월당(霽月堂)을 설치해 현재까지 전해지고 있으며, 시인 윤선도는 부용동원림(芙蓉洞園林)에 12정자를 세웠다.

넷째, 변방 또는 성터에 주로 군사적 목적으로 건립되었다. 특히 중요한 고을에는 문루(門樓)를 두기도 하였다. 변방에 지어진 누정 중 오랑캐 평정을 위해 함경의 삼수(三水)에 지었다는 진융루(鎭戎樓)는 빼어난 아름다움을 자랑한다.

한편 인공적으로 자연을 변화시키고 누정을 건축했다. 남원 광한루는 평지에 위치하는데 주변 하천의 물을 끌어들여 누 앞에 연못을 파고 삼신산을 만들고 나무를 심고 다리를 놓았고 또 다른 작은 정자를 지었다.

자연의 일부를 개조한 경우는 못을 파고 중앙에 누정을 건축한 경복궁의 경회루와 향원정, 봉화의 청암정(靑岩亭), 못을 전면에 둔 봉화의 야옹정(野翁亭)과 풍산의 체화정(棣花亭), 못과 밖에 건물을 반반씩 걸친 창덕궁 후원의 부용정(芙蓉亭), 애련정(愛蓮亭), 관람정(觀纜亭), 존덕정(尊德亭) 등이 있다. 민간에서 지은 선교장의 활래정 등도 있다.

누정 건축의 중요한 기능은 경관을 감상하는 것이다.

누정의 조망 대상인 경(景)에는 석경(石景)[6], 수경(樹景)[7], 수경(水景)[8] 등이 있다. 누정을 중심으로 활동하던 누정제영(樓亭題詠) 시인들은 누정시를 통해 빼어난 경을 설정하기도 했다. 이것은 중국의 「소상팔경(瀟湘八景)」[8]에서 유래된 것으로 고려 명종(1170~1197) 때 우리나라에 전래된 것으로 보인다. 오늘날에도 널리 일컬어지는 송도팔경(松都八景)[10]은 「소상팔경」을 모방한 것이다. 경의 설정은 조선시대에 접어들면서 더욱 다양한 모습으로 나타난다. 김인후가 소쇄원의 갖가지 승경을 두고 읊은 「소쇄원 48영」, 임억령의 「면앙정 30영」[11] 및 「식영정 20영」[12] 등이 대표적이다. 누정의 경 설정은 8경, 10경, 20경 등이 일반적[13]이지만 후대로 갈수록 단순화되어 8경으로 정형화된다.

이 중 관동팔경[14]과 관서팔경[15]이 널리 알려져 있는데, 이들은 각각 정자 7개, 누각 5개, 대 2개를 포함하고 있다. 관동팔경과 관서팔경은 산수유람지 중 제일이며, 문학과 예술의 산실이다. 이와 관련한 대표적인 작품으로는 고려시대 안축과 조선시대 정철의 「관동별곡」을 비롯해 속초 청간정, 낙산사 의상대, 죽서루 등에 남긴 겸재 정선의 '진경산수화'가 있다.

김인후는 「평천장기(平泉莊記)」에서 평천장을 만들고 그곳에서의 유유자적한 생활을 그렸다.

1 전남 담양 환벽당(環碧堂)   2 전남 담양 송강정(松江亭)

이에 덤불을 베고 잡목을 잘라내었다. 다시 봉급 약간만을 써서 거처와 땅을 샀다. 마침내 높은 곳은 대(臺)로 삼고 구덩이를 넓게 파서 연못을 만들며 비탈을 평평하게 하고 좁은 곳을 시원하게 뚫었다. 이에 누각을 세우니 겨울에는 온돌에 거처하고 여름에는 굴에 머물렀으며 봄가을로도 각기 적당한 거소가 있게 하겠다. 사시의 기후와 아침저녁으로 보이는 경치가 시를 읊조리며 배회하는 사이에서 벗어남이 없었다. 바람 부른 행랑에 달이 비치는...
-김인후의 『하서전집(河西全集)』 권11. 평천장기(平泉莊記)-

　대부분의 누정은 경관이 수려한 곳에 건축되었으며, 경치가 다소 못한 봉화의 청암정(靑巖亭) 등은 인위적으로 못을 만들거나 식수를 해서 보완하였다. 특히 못의 경우 취향에 따라 월당(月塘)과 연당[16]으로 축조했다.

모정(茅亭)

　여름철 마을주민의 휴식처이며 방이 없고 마루만으로 만들어진 작은 규모의 초가지붕 건물로 마을의 공유재산이고 주로 일하는 일꾼인 남자들이 사용하며 전라도에 집중해 있다.

　모정을 유사한 특징이 있는 누정과 비교해 보면, 모정은 이름이 없고 마을공동체의 공유재산인 반면, 누정은 부유한 개인이나 세력 있는 동족집단의 소유이다. 모정은 일하는 일꾼의 휴식처로서 청장년층이 많이 이용하고, 누정은 양반·유한계급의 집회장소로 노장년층이 많이 이용한다. 모정은 초가지붕으로 규모가 작은 데 반해 누정은 기와지붕이고 대체로 웅장하며 규모가 크다. 모정은 주로 마을 입구에 있고, 누정은 농사와 직접 관계가 없으므로 경관이 좋고 한적한 곳에 있다.

그 밖에 모정은 마을의 집회 장소나 방어 기능을 한다. 정자나무가 있는 모정에서 동제·당산제를 지내는 것이 일반적이다. 오늘날 모정은 품앗이를 편성하고 품앗이 집단이 모이는 곳으로 그들이 휴식을 취하고 함께 들에 나가는 장소로도 이용되고 있다.

모정을 주제로 한 옛 시문이 많이 남아있다.

마을사람들은 주변 경관이 좋은 높은 곳에 모정인 초가 정자를 짓고 먼 산과 주변경치를 감상하며 자족해 한다.

차안자진운次安子珍韻
新搆茅亭地勢高　지대 높은 곳에 초가 정자 새로 지으니
遠山低列翠屛遙　먼 산은 나지막하게 이어지고 푸른 절벽 둘러쌌네.
홍귀달(洪貴達) 『허백선생속집虛白先生續集』 권1

임거잡영林居雜詠
山爲屛幛川爲帶　산으로 병풍 삼고 시냇물로 허리띠 삼아
瀟灑茅亭恰數椽　시원한 초가 몇 칸 흡족하구나.
조임도(趙任道) 『간송선생속집澗松先生續集』 권1

권상하(權尙夏)는 「소광정기(昭曠亭記)」에서 사치스럽지 않은 소박한 모정을 짓고, 언덕을 경유하고 골짜기를 찾아서 여기에 오르고 나면 가슴이 시원하게 탁 트일 것이며, 학자가 학문을 끝까지 힘써 연구하다가 통창하여 온갖 것에 달하는 경지에 이르는 것과 같다고 했다.

마침내 여기에 모정 한 칸을 지어 소나무와 노송나무의 그늘을 대신하니, 그 제도가 정밀하면서도 사치스럽지 않아서 산중의 한 가지 진기한 완상거리가 되기에 충분하다. 서옹의 성근한 뜻이 아니면 그 누가 이 일을 해냈겠는가. 서옹이 하루는 나에게 와서 이 모정의 이름을 묻기에, 내가 말하기를 "학자가 학문을 끝까지 힘써 연구하다가 통창하여 온갖 것에 통달하는 경지에 이르면 옛 사람이 이를 일러 소광(昭曠)[17]의 근원을 보았다고 하였는데, 지금 이 골짜기에 들어온 이들도 언덕을 경유하고 골짜기를 찾아서 여기에 오르고 나면 가슴이 시원하게 탁 트일 것이니, 그 기상이 저 소광의 근원을 본 것과 서로 같을 것이다." 하고는, 마침내 소광정이란 세 글자로 이름을 짓고 아울러 그 전후의 사실을 기록하여 문지방 사이에 걸도록 하노니, 후일 이 원(院)에 노닐고 이 정자에 오르는 이들은 이 명칭을 돌아보아서 더욱 힘쓰기 바라는 바이다.

『한수재집寒水齋集』 권22

성혼(成渾)은 여남궁생명서(與南宮㯹賞書)에서 모정 주변의 시냇물, 맑은 못, 물고기, 새, 녹음, 모래섬 등 자연경관은 더 없이 아름답고, 온종일 낚시하고 수석(水石)하는 취미가 있다고 했다. 집 앞의 맑은 시내에 나무 하나를 가로놓아 다리를 만들어서 시내를 건너 깊은 숲속으로 들어가면 바깥 시냇물이 넓고 맑은 못이 깨끗하여 노는 물고기와 시냇가의 새들이 절로 날고 뛰놀며 제방의 버들이 언덕에 늘어서서 아름다운 녹음을 이루네. 그리고 모래섬이 깨끗하고 얕아서 손으로 잔잔한 물결을 희롱할 수 있으며 곳곳마다 앉을 만한데, 그윽하고 깊고 맑아서 세속과 멀리 떨어져 있는 깊은 산속과 다름이 없으니, 만일 아름다운 나무와 기이한 꽃을 더욱 많이 심고 모정을 수리한다면 또한 종일토록 낚싯대를 드리우고 지낼 수 있어서 수석水石의 취미가 대단할 것이네.

『우계집牛溪集』 권5

　이광정(李光庭)은 '영모당시서(永慕堂詩序)'에서 당 앞에는 못을 파고 고기를 기르고 버들을 심고, 당 뒤쪽에는 여러 가지 맛좋은 채소들과 몸에 좋은 약초를 심고 꽃나무와 새 등 눈과 귀를 기쁘게 하는 것들을 모두 모아두었다고 했다.

예전 내 외조부께서는 사는 곳 동북쪽 모퉁이에 초가를 짓고 부모님을 모시며 살 곳으로 삼았다. 이때에 그분의 부친은 이미 늙고 병들었기에 공이 어린아이 키우듯 봉양하였다. 당 앞에는 못을 만들어 고기를 기르고, 당 뒤쪽에는 여러 가지 맛좋은 채소들과 몸에 좋은 약초를 심고는 이것으로 맛있는 음식을 드리고 약에 섞어 드렸다. 그 밖에 아름다운 꽃나무와 새, 좋은 옷과 물건 등 마음을 즐겁게 하고 눈과 귀를 기쁘게 하는 것들을 모두 모아두었다. 그러므로 그 당에 오르는 사람들은 마치 노래자(老萊子)의 집에 들어간 듯싶다고 하였다.

『눌은선생문집(訥隱先生文集)』 권6

5) 이용범,「한국누정건축의 공간특성에 관한 연구」, 전남대학교 박사학위논문, 1994, p.33 의 표 참조.

6) 석경(石景) : 누정 주변의 자연 경관 중 암석과 관련하여 풍광이 빼어난 곳을 석경이라고 한다. 대표적인 석경으로는 무등산 주변의 4대 석경인 입석대, 서석대, 광석대, 규봉이 있다.

7) 수경(樹景) : 누정 주변의 나무들이 서 있는 모습이 빼어난 곳을 말한다. 예를 들면 소쇄원 48경에서 假山草樹(석가산의 초목들), 斷橋雙松(다리 너머의 두 그루 소나무), 夾路脩篁(오 솔길 곧은 대숲) 등이 수경에 속한다.

8) 수경(水景) : 누정 누변의 계속이나 연못, 하천, 강, 바다 등의 경관이 빼어난 것을 말한다. 수 경에는 流水와 止水가 있고, 또 자연적으로 빼어난 경관을 자랑하는 자연적 수경과 인공적으로 조성된 인공적 수경이 있다. 예를 들면, 식영정 20영 중 蒼溪白波(푸른 시내 흰 물결), 芙蓉塘(꽃핀 연못) 등이 수경에 해당한다.

9) 소상팔경(瀟湘八景) : 중국의 동정호(洞庭湖) 남쪽에 '소수(瀟水)'와 '상수(湘水)'가 합쳐 지는 여덟 지점에서 계절과 가상에 따라 펼쳐지는 아름다운 경치를 일컫는다. 송도팔경(松都八 景) : 개성의 유명한 8곳의 경치. 자하동의 중 찾기, 청교의 손님 보내기, 북산의 연기와 비, 서강 의 바람과 눈, 백악의 갠 구름, 황교의 저녁노을, 장단의 돌벽, 박연폭포를 지칭함.

10) 송도팔경(松都八景) : 개성의 유명한 8곳의 경치. 자하동의 중 찾기, 청교의 손님 보내기, 북산의 연기와 비, 서강의 바람과 눈, 백악의 갠 구름, 황교의 저녁노을, 장단의 돌벽, 박연폭 포를 지칭함.

11) 면앙정 30영 : 면앙정 30영은 다음과 같다. 秋月翠壁, 龍龜晩雲, 夢仙蒼松, 佛臺落照, 魚登 暮雨, 湧珍奇峯, 錦城杳靄, 瑞石晴嵐, 金城古迹, 瓮巖孤標, 竹谷淸風, 平郊霽雪, 遠樹炊煙, 曠野 黃稻, 極浦平沙, 大秋樵歌, 木山漁笛, 石佛疏鍾, 漆川歸雁, 穴浦曉霧, 心通脩竹, 山城早角, 二川 秋月, 七曲春花, 後林幽鳥, 淸波跳魚, 沙頭眠鷺, 澗曲紅蓼, 松林細逕, 前溪小橋.

12) 식영정 20영 : 식영정 20영은 다음과 같다. 瑞石閑雲, 蒼溪白波, 水檻觀魚, 陽坡種瓜, 碧梧 凉月, 蒼松晴雪, 釣臺雙松, 環碧靈湫, 松潭泛舟, 石亭納凉, 鶴洞暮煙, 平郊牧笛, 短橋歸僧, 白沙 睡鴨, 鸕鷀巖, 紫薇灘, 桃花徑, 芳草洲, 芙蓉塘, 仙遊洞.

13) 8경으로는 연파정 8경, 모용대 8경, 만귀정 8경 등이 대표적이고, 10경으로는 초은정 10경 과 우산정사 10경이 대표적이고, 20경으로는 식영정 20경이 대표적이다.

14) 관동팔경(關東八景) : 강원도 동해안에 있는 8곳의 명승지를 말한다. 통천의 총석정, 고성 의 삼일포, 간성의 청간정, 양양의 낙산사, 강릉의 경포대, 삼척의 죽서루, 울진의 망양정, 평 해의 월송정이 있다.

15) 관서팔경(關西八景) : 평남, 평북에 있는 8곳의 명승지를 말한다. 강계의 인풍루(仁風樓), 의주의 통군정(統軍亭), 선천의 동림폭(東林瀑), 안주의 백상루(百祥樓), 평양(平壤)의 연 광정(練光亭), 성천의 강선루(降仙樓), 만포의 세검정(洗劍亭), 영변의 약산동대(藥山東臺) 를 가리킨다.

16) 월당(月塘)과 연당(蓮塘) : 월당은 달을 감상하기 위한 지당(池塘)으로 야옹정(野翁亭) 앞 지당(池塘)을 들 수 있다. 연당(蓮塘)은 연꽃을 감상하기 위한 지당으로 대부분의 누정에 있는 지당들이 연당에 해당한다.

17) 소광(昭曠) : 소(昭)는 명(明), 광(曠)은 광(廣)과 같은 뜻으로, 명백(明白)·광대(廣大) 한 것을 말한다.

18) 노래자(老萊子) : 중국 24 효자 중 한 사람. 중국 춘추시대 초(楚) 나라의 현인으로 난을 피 하여 몽산(蒙山) 남쪽에서 농사를 짓고 살면서, 70세의 나이에도 색동옷을 입고 어린아이처럼 장난을 치면서 늙은 부모를 즐겁게 해 주었다고 전해진다.

문

The gates

박지원(朴趾源)이 연암집에 쓴 하풍죽로당기(荷風竹露堂記)에서는 하풍죽로당을 짓고 일각문,

홍예문을 내고 정원을 만들고 나서 정원에서 느낀 감회를 나타냈다. 일각문, 홍예문, 담장, 식생,

사계절의 경물, 하루 중 자연현상을 묘사했다.

그림 정선의 〈인곡정사도〉

문
The gates

일각문(一角門), 홍예문(虹蜺門)

　　일각문(一角門)은 대문간이 따로 없이 양쪽에 기둥을 하나씩 세워서 문짝을 단 대문이고, 홍예문(虹蜺門)는 문얼굴의 윗머리가 무지개같이 반원형이 되게 만든 문이다.

　　박지원(朴趾源)이 「연암집」에 쓴 '하풍죽로당기(荷風竹露堂記)'에서는 하풍죽로당을 짓고 일각문, 홍예문을 내고 정원을 만들고 나서 정원에서 느낀 감회를 나타냈다. 일각문, 홍예문, 담장, 식생, 사계절의 경물, 하루 중 자연현상을 묘사했다.

　　……그 터를 반으로 나누어, 남쪽에는 남지(南池)를 만들고 폐치된 창고의 재목을 이용하여 북쪽에 북당(北堂)을 지었다. 당은 동향으로 지어 가로는 기둥

이 넷, 세로는 기둥이 셋이요, 서까래 꼭대기를 모아 상투같이 만들고 호려(胡盧)[19]를 모자처럼 얹었다. 가운데는 연실(燕室)을 만들고 잇달아 동방(洞房)을 만들었다. 그리고 앞쪽 왼편과 옆쪽 오른편에는 빈 곳은 트인 마루요, 높은 곳은 층루요, 두른 것은 복도요, 밖으로 트인 것은 창문이요, 둥근 것은 통풍창이었다. 그리고 굽은 도랑을 끌어 푸른 울타리를 통과하게 하고, 이끼 낀 뜰에 구획을 나누어 흰 돌을 깔아 놓으니, 그 위를 덮어 흐르는 물이 어리비쳐서 졸졸 소리 낼 때는 그윽한 시내가 되고 부딪치며 흐를 때는 거친 폭포가 되어 남지로 들어간다. 그리고 벽돌을 쌓아 난간을 만들어 못 언덕을 보호하고, 앞에는 긴 담장을 만들어 바깥 뜰과 한계를 짓고, 가운데는 일각문을 만들어 정당과 통하게 하고, 남으로 더 나아가 방향을 꺾어 못의 한 모서리에 붙여서 홍예문을 가운데 내고 연상각(烟湘閣)이란 작은 누각과 통하게 하였다. 대체로 이 당의 승경은 담장에 있다. 어깨 높이 위로는 다시 두 기왓장을 모아 거꾸로 세우거나 옆으로 눕혀서, 여섯 모로 능화(菱花) 모양을 만들기도 하고 쌍고리처럼 하여 사슬 모양을 만들기도 하였다. 틈이 벌어지게 하면 노전(魯錢)[20] 같이 되고 서로 잇대면 설전(薛牋)[21]이 되니, 그 모습이 영롱하고 그윽하다. 그 담 아래는 한 그루 홍도(紅桃), 못가에는 두 그루 늙은 살구나무, 누대 앞에는 한 그루의 꽃 핀 배나무, 당 뒤에는 수만 줄기의 푸른 대, 연못 가운데는 수천 줄기의 연꽃, 뜰 가운데는 열한 뿌리의 파초, 약초밭에는 아홉 뿌리 인삼, 화분에는 한 그루 매화를 두니, 이 당을 나가지 않고도 사계절의 경물을 모두 감상할 수 있다. 이를테면 동산을 거닐면 수만 줄기의 대에 구슬이 엉긴 것은 맑은 이슬 내린 새벽이요, 난간에 기대면 수천 줄기의 연꽃이 향기를 날려 보내는 것은 비 갠 뒤 햇빛 나고 바람 부드러운 아침이요, 가슴이 답답하고 생각이 산란하여 탕건이 절로 숙여지고 눈꺼풀이 무겁다가 파초의 잎을 두들기는 소리를

1 경북 영양 서석지 : 일각문
2 경북 예천 초간정 : 일각문
3 하회마을 북촌댁 : 일각문

4 종묘 : 삼문
5 하회마을 충효당 : 솟을대문
6 양동마을 : 평문

중국 베이징 공왕푸 (恭王府) 홍예문

1 창덕궁 낙선재 만월문　2 대구 남평문씨 세거지 : 솟을대문
3 담양 소쇄원 : 트임문　4 창덕궁 연경당 수인문 : 중문으로 평문 형태

듣고 정신이 갑자기 개운해지는 것은 시원한 소낙비 내린 낮이요, 아름다운 손님과 함께 누대에 오르면 아름다운 나무들이 조촐함을 다투는 것은 갠 날의 달이 뜬 저녁이요, 주인이 휘장을 내리고 매화와 함께 여위어 가는 것은 싸락눈 내리는 밤이다…… 이 당에 거처하는 이가 아침에 연꽃이 벌어져 향내가 멀리 퍼지는 것을 보면 다사로운 바람같이 은혜를 베풀고, 새벽에 대나무가 이슬을 머금어 고르게 젖은 것을 보면 촉촉한 이슬같이 두루 선정을 베풀어야 할지니, 이것이 바로 내가 이 당을 '하풍죽로당(荷風竹露堂)'이라 이름 지은 까닭이다. 이로써 뒤에 오는 이에게 기대하는 바이다.

『연암집(燕巖集)』 권1

1 전북 고창군 성내면 수동리 서적문 (이경재. 문. 열화당 P197)
2 전남 나주군 다도면 신동리 사립문 (황헌만. 초가. 열화당 P75)   3 그림 정선의 〈인곡유거도〉

사립문

잡목의 가지나 싸리나무 가지로 엮은 사립문은 쉽게 훼손되어서 원래 모습을 찾기 어렵다. 옛 시문에 나오는 사립문 기록에서 원래의 모습을 짐작할 수밖에 없다.

쪼갠 대나무를 엮어 사립짝을 만들어 사립문을 세우며, 다산 정약용(丁若鏞)이 제자인 황상에게 써 준 글에서는 "뜰 왼편에는 사립문을 세우되 쪼갠 대나무를 엮어 사립짝을 만든다."고 했다.

이익(李瀷)은 「성호사설(星湖僿說)」에서 도산서당(陶山書堂)의 연못은 '정우(淨友)'라 하고, 문은 '유정(幽貞)'이라 하며 싸리를 엮어 만들었다 했다.

유(丱) 자 모양 사립문도 있다. 박제가(朴齊家)는 자신이 지은 '박처사 심계초당에서 머무름' 이라는 시에서 "유(丱)자 모양 사립문은 완연히 옛 글자 모양이네."라고 했다. 정약용은 시 '송파수작(松坡酬酢)'에서 "유자(丱字)모양 흰 대사립 적적하구나."라고 언급한 바 있다.

사립문의 경치에 대한 시문도 발견할 수 있다. 이건(李健)의 "팔일(八日)"이라는 시 중 "대나무로 사립문 두르니 깊고 또 깊은데 뜰 곁의 푸른 버드나무 그림자가 그늘을 드리우네."라는 구절에서 사립문 모습을 알 수 있다. 신광한(申光漢)은 '죽서루8영운(竹西樓八詠韻)'이라는 글을 통해 "무궁화 울타리 높은 나무 있는 집은 사

1 충북 청원군 문의면 신내리 턱골 : 사립문 (황헌만, 초가, 열화당 P72)
2 하회마을 : 트임문   3 경기도 강화 장릉 : 홍살문

립 울타리 둘렀네.”라고 묘사했다. 김류(金鎏)는 ‘귀휴당제영(歸休堂題詠)’에서 “적막한 사립문에 덩굴이 얽혀 있네.”라고, 이세백(李世白)은 ‘당성문(堂成韻) 자문시성(柴門始成)’에서 “사립문 초라한 띠풀 지붕 집”, 장혼(張混)은 ‘추회잡영(秋懷雜咏)’에서 “사방 집은 모두 띠풀로 지붕 올리고 사립문은 나뭇가지로 엮어 두었네.”라고 했다. 기대승(奇大升)의 ‘경현당기(景賢堂記)’

에는 "나무 울타리(籬)"라는 표현도 있다. 사립문 밖에는 연못도 있었다. 고용후(高用厚)는 「청사집(晴沙集)」에서 "사립문 밖에 못을 파놓으니 때맞춰 연꽃이 피어나네."라고 읊었다.

---

19) 호려(胡盧) : '호로(胡蘆)'라고도 하며, 누각 지붕의 중앙 정점에 설치한 조롱박 모양의 장식물을 말한다.
20) 노전(魯錢) : 금전을 일컫는 말이다. 진(晉)나라 노포(魯褒)가 「전신론(錢神論)」에서 옛 속담을 인용하여 말하기를 "돈이 있으면 귀신도 부릴 수 있는 것인데 더구나 사람에 있어서랴(有錢可使鬼, 而況于人乎)."라고 하였다.
21) 설전(薛牋) : 짙은 붉은색이 나는 소폭의 채색 종이인 설도전(薛濤牋)을 가리킨다.

담

The walls

울타리는 풀이나 나무 따위를 얽거나 엮어서 담 대신에 경계를 짓는다. 돌을 쌓아 만든 작은 울타

리인 대오 (臺塢) 가 있고, 간단 소박한 울타리는 시비 (柴扉) 라 한다.

경복궁 자경전 꽃담

담

The walls

울타리(시비柴扉)

　울타리는 풀이나 나무 따위를 얽거나 엮어서 담 대신에 경계를 짓는다. 돌을 쌓아 만든 작은 울타리인 대오(臺塢)가 있고, 간단 소박한 울타리는 시비(柴扉)라 한다.

　다산 선생이 『여유당전서(與猶堂全書)』에서 선생이 살았던 귤동마을을 만든 법을 쓴 글이 있다.

어느 날 매화나무 아래를 산책하다가 잡초와 잡목들이 우거져 있는 것이 안돼 보여서 손에 칼과 삽을 들고 얽혀 있는 것들을 모두 잘라버리고 돌을 쌓아 단(壇)을 만들었다. 그 단을 따라 차츰차츰 위아래로 섬돌을 쌓아올려 아홉 계단을 만든 다음 거기에다 채마밭을 만들고 이어 동쪽 못가로 가 그 주변을 넓히고 대오(臺塢)도 새로 만들어 아름다운 꽃과 나무들을 죽 심었다. 그리고 거기 있는 바위를 이용하여 가산(假山)을 하나 만들었는데⋯

시비(柴扉)는 그저 이 안에 사람이 살고 있다는 표시에 불과한 것이며, 도둑을 막거나 남을 경계한다는 뜻은 처음부터 없었다.

조선 최고 여성시인으로 꼽히는 이매창의 '한가한 생활 한거(閑居)'에서는 시비를 돌 밭가 초가 울타리로 표현했다.

石田茅屋掩柴扉(석전모옥엄시비) 돌 밭가 초가 울타리를 닫고 사니,
花落花開辨四時(화락화개변사시) 꽃이 피고 진들, 계절을 알 수가 있겠느냐
陜裡無人晴盡永(협리무인청진영) 산골짝 찾는 이 없어 한낮은 길기만 하고,
雲山炯水遠帆歸(운산형수원범귀) 구름 산 반짝이는 물위로 아득히 돛단배 돌아간다.

울타리 기록은 여러 시문에서 볼 수 있다.

오희상(吳熙常)은 '도산기행(陶山記行)'에서 "돌을 쌓아 작은 울타리(대오臺塢)를 만들었다."고 했고, 이춘영(李春英)은 「체소집(體素集)」에서 "새로 울타리(柴扉)를 만드니 물가에 가까운데"라고 기술했다.

담장(Ancient walls in Korea)

담장과 울타리의 유래는 알 수 없다. 그러나 인간이 거주지를 정하고 정착생활을 하게 되자 적의 침입을 방어하기 위하여 또는 외부와

1 덕수궁 담   2 낙선재 만월문 주위담장   3 용인 민속촌 담   4 하회마을 북촌댁 담

의 경계를 표시하기 위하여 만들기 시작하였을 것으로 여겨진다.

시간이 지남에 따라 담장에는 방어와 경계표시를 위한 기능 외에 차츰 장식적인 기능이 가미되기 시작했다. 『삼국사기』옥사조(屋舍條)에 보면 신라시대에는 벼슬아치의 품계(品階)[22]에 따라 건물의 규모와 의장을 규제했는데, "진골(眞骨)의 집은 담장에 들보와 기둥을 세우지 못하고 석회를 칠하지 못한다. 또 6두품(六頭品) 이하 관리의 집은 오채(五彩)[23]로 꾸미지 못하고 원장(垣墻)[24]은 8척을 넘지 못하고 양동(梁棟)[25]을 세우지 못하고 석회를 칠하지 못한다. 또 5두품의 집 원장은 7척을 넘지 못하고 들보[26]를 걸지 못하고 석회를 칠하지 못하고 4두품의 경우는 6척을 넘지 못하고 또한 들보를 걸지 못하고 석회를 칠하지 못한다."고 정해져 있었다. 이러

하회마을 토담

한 기록을 참고로 하면 당시의 담장이 얼마나 화려했던가를 짐작할
수 있다.

『고려사』 장순용조(張舜龍條)에는 고려시대 개경(開京)에서 그
모습이 아름답기로 이름난 장가장(張家墻)이라는 담장의 기록이 있
다. 이것은 회회인(回回人)[27]으로 충렬왕 때 고려에 귀화하여 크게
행세하던 장순용(張舜龍) 집 담장인데 어떻게 치장한 담장인지에 대
한 기록은 없지만 당시 개경에서 가장 아름다운 것이었다고 한다.

조선시대 초기 서울에서는 화재를 막기 위한 방화담(防火墻)이 유
행하였다. 세종(世宗) 8년에 장안에 큰 불이 일어나는 재앙이 있은
후 자주 화재가 일어났기 때문이다. 그래서 주거 밀집지역에는 도로
확장 작업을 하고 방화담을 쌓았다고 한다. 『조선왕조실록』 세종
15년에는 모든 민가의 지붕에 기와를 덮도록 독려하였고 또한 담장
에도 기와벽돌을 사용하였다고 한다.

『산림경제』 복거조(卜居條)에 의하면 "무릇 집을 지을 때에 먼
저 담장부터 쌓거나 외문(外門)부터 만드는 것을 매우 꺼리는데 그
렇게 하면 완성하기가 어렵다."고 한다. 담장 쌓기에 대한 유사한 내

용은 『임원십육지(林園十六志)』[28]등에도 실려 있다.

담장의 종류는 우선 무늬를 놓아 아름답게 장식한 꽃담과 기능만을 위주로 쌓은 담장이 있다. 또한 쌓는 방식에 따라 외담과 맞담으로 대별하는데 『산림경제』에는 다음과 같이 설명하고 있다. "담을 쌓되 바깥 면에는 돌을 써서 쌓고 거푸집[29]을 써서 쌓는 담을 외담이라고 부른다. 안쪽에는 흙만을 넣고 바깥쪽에는 돌을 켜놓아 가면서 다진다. 흙을 받고 돌을 놓는 방식이다. 그 밖에 돌을 한 켜 놓고 흙을 받을 때 두껍게 하여 안쪽 벽을 받아 맥질[30]하는 방식도 있다. 비

1 해인사 담장   2 해남 표충사 담   3 경주 안강 독락당의 살창이 있는 담

교적 너부데데한 큰 돌을 써서 쌓는다."

거푸집 없이 담 안팎으로 돌의 머리를 두게 하여 면을 맞추면서 쌓은 것을 맞담이라 하는데 이것은 외담과 구분되는 기법이다. 맞담을 쌓을 때 진흙 대신 삼화토[31]를 쓰기도 하는데 능원(陵園)[32]의 곡담(曲墻)[33]이나 세도가의 담장이 그런 방식이다. 외담은 사용하는 재료 곧 돌각담이냐 토담이냐에 따라 장식하는 방법이 다르며 화려하게 치장하기보다는 견고성과 기능을 위주로 하되 적절한 장식 요소를 베풀어 효과를 낸다. 맞담은 대부분의 담으로 이른바 협축(夾築)[34] 기법으로서 안팎을 동시에 쌓아 올려 안과 밖(內外 혹은 表裏)에 벽면이 생기게 된다. 재료에 따라 돌각담, 토담, 토석담(土石混築), 사고석담[35], 전돌담, 면회담(面灰墻)[36], 화장담(華墻)[37] 등으로 구분한다.

또 담 윗부분을 이엉으로 잇느냐 기와로 잇느냐에 따라 분류하기

전북 부안 구암리 담

도 한다. 맞담의 치장은 한 가지 재료만 쓰는 경우도 있지만 두세 가지 혹은 그 이상의 재료를 써서 꾸미는 경우도 있다. 이런 맞담은 화장줄눈[38]으로 꾸미기도 한다.

이 밖에 담장 유형은 다음과 같다.

바자울과 생울타리

대나무, 갈비, 싸리나무, 수수깡, 왕골, 억새 등을 발처럼 엮거나 삿자리[39]처럼 뜨거나 하여 만든 울타리를 바자울이라 부른다. 바자울은 기둥과 건너지르는 수장목[40]에 의지하여 칡이나 새끼를 묶어 세운다. 옛사람은 이런 바자를 '바조' 또는 '바래'라 불렀으며 그냥 울타리라고도 불렀다. 바자울은 자연 그대로의 재료만을 쓰는 것이어서 거기에 무늬를 놓는다거나 장식을 베풀 여지가 없고 다만 자는 방법을 달리하여 변화를 시도할 뿐이다. 『산림경제』에는 "울을 만듦에 있어서는 사방의 경계선에 2척 너비의 깊이로 구덩이를 파고 산조(酸棗)[41]가 익을 때를 기다려 열매를 많이 따서 구덩이에 심어 놓는다. 싹이 돋은 다음에 손상되지 않게 보하면 1년 뒤에 3치의 높이가 된다. 그리고 이듬해 봄에 가로 자란 가지는 잘라버리고 가시는 남겨둔다. 겨울에 이 줄기를 엮어 울을 만들되 편의에 따라 엮는다. 명년에 다시 높이 자라면 충분히 도적을 막을 수 있다. 탱자나무를 많이 심어서 울을 만들면 또한 도둑을 막을 수 있다."고 바자울을 엮는 방식이 설명되어 있다.

담장이 언제부터 설치되기 시작하였는지 정확히 알 수 없으나 가장 손쉽게 구할 수 있는 재료를 이용한 바자울이 그 시초가 되었으리라 추정된다.

같은 식물성 재료를 사용하지만 굵은 통나무를 뗏목 엮듯 촘촘히 세운 것이나 널빤지를 대목(帶)[42]에 의지하여 세운 것은 책(柵)이라든가 널빤지 울(板墻)이라고 한다.

살아있는 나무로 울타리를 구성하는 것을 생울타리라고 하는데 큰 나무를 나란히 심거나 자그마한 가시가 돋힌 나무를 밀식하기도 한다. 이런 생울타리는 북부지역보다는 남부지역에서 흔히 찾아볼 수 있다.

돌각담

돌각담은 흙을 사용하지 않고 돌로만 쌓은 담장인데 강담이라고도 부른다. 즉 돌각담은 돌만으로 이를 맞추어가면서 쌓은 것이다. 돌이 편안하게 놓여 서로 엇물리면서 높이 쌓아도 무너지지 않는다. 전국에 걸쳐 흔히 볼 수 있는 담으로 옛날의 성벽을 쌓는데도 이 기법을 응용하였다. 돌각담의 머리에는 이엉이나 기와를 이지 않는 것이 보통이며 일반적으로 무늬도 장식하지 않는다.

토담과 맞담

토담의 축조법에는 흙을 목침덩이 크기로 둥글둥글 빚어서 말렸다가 벽돌처럼 쌓는 법과 거푸집을 만들어 토담을 치는 기법이 있다. 『산림경제』에는 거푸집으로 토담을 치는 기법에 대해 다음과 같이 기술되어 있다. "석축이 쌓기는 쉬우나 토담을 단단히 잘 쌓는 것만 같지 못하다. 담장을 칠 자리에 기초를 한 후 흙은 단단히 다져가면서

강릉 낙산사 곡담의 둥근돌은 일월성신(日月星辰)을 나타낸다.

두둑하게 둔덕을 이루어 마치 지붕의 마루를 형성하듯 한다. 물에 이긴 진흙으로 담을 치려면 여물을 섞어 이겨야 한다. 두께를 두 자로하고 방아를 찧어 쌓아 올리되 그 높이를 3~4자 정도에서 일단 끝내야 한다. 그래야만 빨리 마른다. 마르기를 기다려 잘 드는 칼로 깎아내어 앞뒷면을 말끔하게 다듬는다. 이때에 거칠게 하지 않아야 일어나지 않고 무너지지 않으며 켜가 일지 않는다. 마른 뒤에 거푸집을 올리고 같은 방식으로 벽을 친다. 벽의 높이가 자기 몸의 반 높이에 이르면 잡목으로 서까래를 걸고 기와를 이어 지붕을 만든다. 담장을 오래 보존하는 방법으로는 담장 바짝 안팎으로 잔디를 심어 나무가 나지 않게 하며 스며드는 물기를 막고 담장에서 떨어진 자리에 작은 키의 생울을 심어 담으로 아이들의 손이 미치지 못하게 한다면 담장의

법주사 곡담

수명은 길어진다."

앞 부분에서 설명한 맞담은 몇 가지 종류가 있는데 그중 곡담은 맞담 중에서 최고급으로 담장의 중간 중간에 둥근 돌로 무늬를 놓는데 그 돌은 일월성신(日月星辰)[43]을 의미한다.

막돌담장은 근래에 쓰이는 용어로 맞담과 죽담처럼 일정하지 않은 크기의 돌을 쓰되 크기를 어느 정도 골라가며 쌓는 것이다.

사괴석[44]담장은 부잣집이나 궁중의 담장에 흔히 쓰이며 도회지의 일반주택인 여염집 담벼락을 쌓는 데도 쓰인다. 담벼락은 담장과 달리 외담인 경우가 많다. 사괴석담의 화장줄눈은 돌의 면보다 약간 튀어나오게 하고 삼화토를 바른 뒤에 쇠로 만든 진흙등을 벽에 바르는 쇠흙손을 써서 수평과 수직의 선을 바로잡는다.

이들 담장의 기초는 소금물이나 잿물을 써서 염축[45]하거나 달구로

다지거나 불을 질러 측축(仄築)⁴⁶⁾하거나 한다.

꽃담

꽃담은 화장(華墻), 화문담(花文墻), 화초담이라 하며 장식된 모양에 따라 분장(粉墻)⁴⁷⁾, 영롱담(玲瓏墻)⁴⁸⁾, 취벽(翠壁)⁴⁹⁾이라 부르기도 한다. 여러 가지 채색으로 글자나 무늬를 놓고 치장하는데 담의 면 주의에 卍자, 亞자 또는 뇌문(雷文)⁵⁰⁾, 초용(草龍) 등의 선을 두르고 그 가운데 십장생(十長生)⁵¹⁾이나 화초의 모양 등 민화적인 그림을 넣는다. 또 벽돌로 간단히 당수복(唐壽福)⁵²⁾을 넣어 쌓기도 한다.

청(淸)의 유연정(劉燕庭)의 『해동금석원(海東金石苑)』에 수록된 「낭혜화상백월보광탑비문(郎慧和尙白月深光塔碑文)」에 의하면 신라 때에 회벽면(繪壁面)⁵³⁾이란 표현이 나온다. 이 화초담의 무늬는 남방제국(南方諸國)의 장시발타(長侍勃陀) 양식을 본뜬 것이다.

꽃담은 궁전, 사찰, 관아건물, 민가에 많이 장식되었으며 특히 도회지의 여염집에 많이 사용되었다. 현존하는 꽃담은 고궁과 사찰의 담장에서 찾아볼 수 있다.

지금은 우리의 옛 담들을 도회지에서는 고궁을 찾지 않는 한 보기 힘들다. 그러나 고궁의 담을 따라 걸을 때 우리는 깊은 감상에 젖게 된다. 또한 어느 시골집 돌각담 밑의 접시꽃이 핀 풍경에서 향수를 느끼기도 하며 또한 사찰의 옛 담들이 주는 아취(雅趣)에 젖어 무한한 고향집의 옛 담에 대한 향수를 느끼게 하여 옛 담이 고향집으로 성큼 다가서게 하는 까닭은 무엇 때문일까.

22) 품계 : 대개는 정일품부터 종구품까지 열여덟으로 나누어진 조선시대 벼슬의 직품과 관계를 말한다. 그러나 이 글에서는 신라시대 벼슬의 직품을 나타낸다.

23) 오채 : 청, 적, 황, 흑, 백의 5가지 색.

24) 원장 : 울타리

25) 양동 : 들보와 마룻대.

26) 들보 : 지붕의 하중을 받는 가로재. 지붕보 혹은 가량(架梁)이라고도 한다.

27) 회회인 : 회교도를 지칭한다. 혹은 고려에 왕래했던 위구르인을 뜻하기도 한다.

28) 임원십육지 : 조선 현종 때, 서유구가 펴낸 농업백과전서. 16부문으로 나누어 농업정책과 경제론을 편 실학적 농촌경제정책서. 113권으로 이루어져 있다.

29) 거푸집 : 주물 따위를 부어 만드는 물건의 모형, 혹은 가설물.

30) 맥질 : 매흙을 묽게 타서 솔이나 비로 흙벽, 구들바닥에 칠하는 일. 매질이라고도 함.

31) 삼화토 : 석비레, 모래, 강회를 1:1:1로 배합한 미장재. 점착력이 있고 굳으면 견고함.

32) 능원 : 능과 원, 왕, 왕비, 왕세자, 왕세자빈 등 왕의 사친의 묘를 말한다.

33) 곡담 : 능묘의 봉분 뒤와 좌우 옆에 빙 둘러 쌓는 낮은 담. 곡장이라고도 함.

34) 협축 : 성을 쌓을 때에 중간에 흙이나 돌을 넣고 안팎에서 돌 등을 쌓는 것.

35) 사고석담 : 사고석으로 쌓은 담장. 돌담 혹은 사괴석담이라고도 한다.

36) 면회담 : 사고석을 쌓은 줄눈에 석회반죽을 도드라지게 바르는 일을 면회라고 한다. 면회담은 회를 바른 담을 말한다.

37) 화장담 : 꽃담.

38) 화장줄눈 : 사고석담, 전돌담의 의장적인 효과를 내기 위한 돋은 줄눈. 오목줄눈, 치장줄눈을 말함.

39) 삿자리 : 갈대를 쪼개 펴서 만든 깔개.

40) 수장목 : 집을 치장하는 데 쓰이는 나무를 일반적으로 일컫는다.

41) 산조 : 멧대추.

42) 대목 : 널이나 넓은 판을 대기 위해 기둥 사이에 가로지르는 나무.

43) 일월성신 : 해, 달, 별을 의미한다.

44) 사괴석 : 벽이나 돌담을 쌓는 데 쓰는 돌. 보통 한 사람이 네 개를 질 수 있을 만한 크기로 한 뼘 사방 정도이다.

45) 염축 : 흙이나 백토 등을 넣어 다질 때 소금물을 뿌리거나 소금물로 반죽하여 다지는 일.

46) 측축 : 기울여서 다진다.

47) 분장 : 석회반죽으로 아름답게 바른 담장.

48) 영롱담 : 벽돌, 기와 등으로 구멍을 뚫어 쌓은 담. 영롱장.

49) 취벽 : 녹색의 암벽.

50) 뇌문 : 나선 또는 선분이 다선형으로 된 무늬. 번개무늬 혹은 곡두무늬라고도 함.

51) 십장생 : 오래 살아 죽지 않는다는 10가지 물체. 곧 해, 산, 물, 돌, 구름, 소나무, 불로초, 거북, 학, 사슴을 말한다.

52) 당수복 : 복(福)자나 수(壽)자를 넣은 문양.

53) 회벽면 : 회를 바르거나 회물을 칠하여 희게 만든 벽. 회벽면은 그런 벽면을 말함.

삼국·통일신라시대 연못

The ponds in The Tree Nations and The United Silla

고대 정원은 오랜 시간이 흘러서 식물 등 생명체는 남아있지 않다. 다만 정원 터를 발굴해서 나온 호안 등 연못 흔적과 지층에 탄화되어 묻혀 있는 꽃가루 화석 등과 그 당시의 역사기록을 찾아서 고대에 있었던 정원을 상상해 그려볼 수밖에 없다.

경주 안압지 북쪽호안에서 본 연못

삼국·통일신라시대 연못

The ponds in The Tree Nations and The United Silla

삼국시대 연못

　　고대 정원은 오랜 시간이 흘러서 식물 등 생명체는 남아있지
않다. 다만 정원 터를 발굴해서 나온 호안 등 연못 흔적과 지층에 탄
화되어 묻혀 있는 꽃가루 화석 등과 그 당시의 역사기록을 찾아서 고
대에 있었던 정원을 상상해 그려볼 수밖에 없다.

　　고구려의 왕궁인 안학궁과 왕궁을 수호하는 산성인 대성산성을 북
한에서 발굴해서 1973년에 발굴 보고서를 냈다. 이 보고서 내용으로
고구려 안학궁과 대성산성의 정원을 유추할 수 있다.

안학궁安鶴宮터 안의 정원터는 남궁 제1호 궁전의 서쪽, 제3호 궁전 주변에
는 기묘한 바윗돌들이 서 있고 제3호 궁전 앞뒤에는 물이 고이는 못자리가 있
다. 동궁의 못자리에서 가장 큰 것은 성의 동쪽 벽과 남쪽 벽 모서리 부분에 있

다. 이 밖에 동궁 구역 안과 남궁, 북궁 등에 여러 개의 못자리가 있었는데 모두 확인하지 못하였다. 또 동궁의 북쪽 성벽 밖으로 꽤 큰 못자리가 있었던 것이 분명한데 이미 많이 변해서 원래의 모양을 알 수 없다. 이 못은 뒷산에서 흘러내리는 물을 여기에 일단 잡아 두었다가 성안으로 들어가게 하는 저수지의 역할을 한 것으로 보인다.

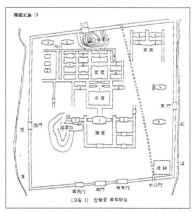
고구려 안학궁

(『대성산성 고구려 유적』, 1973).

대성산성(大成山城)에는 170개의 못이 있었고 그 분포상태를 알 수 있는데 그중 8개 못자리를 발굴하였고 9개 못이 완전히 복구되었다. 못의 형태는 정방형, 장방형, 3각형, 원형이다

(『대성산성 고구려 유적』, 1973).

정릉사지(定陵寺址) 서편에 있는 진주지(眞珠池)는 평양시 동남쪽에 있는 고구려 창건기의 사찰이다. 평면은 말각형이며 원지 내부에는 4개 섬이 있다. 연못 속에는 도교 신선사상 성격의 섬이 만들어져 있어서 안학궁 이궁의 연못으로 볼 수 있다.

백제

『삼국사기』 백제본기 진사왕(辰斯王) 7년(391) 정월 한성(漢

백제 정림사지 연못

城) 백제시대의 기록을 보면 궁실을 중수(重修)하고 못을 파고 가산 (假山)을 만들어 진귀한 새와 이상한 화초를 길렀다[54]고 한다.

백제가 웅진성(熊津城) 지금의 공산성(公山城)으로 도읍을 옮긴 때는 문주왕(文周王) 원년(475)이다. 그리고 동성왕(東城王) 22년 (500) 봄에 궁성 동쪽에 임류각(臨流閣)을 지었는데 그 누의 높이 가 5장이나 되고 연못을 파고 진귀한 짐승을 길렀다[55]고 했다. 현 재 공산성 내의 백제의 조경유적은 백제추정왕궁지에서 발굴조사된 둥근 못자리와 영은사 앞 백제연지가 있다. 영은사 앞 만하루지(挽阿 樓池)에는 조선시대에 건축된 만하루(挽阿樓)가 있다.

백제는 성왕(聖王) 16년(538) 사비(泗沘) 지금의 부여로 천도했 다. 전국립부여박물관 정문 앞에 연지가 발굴 조사되었다.

『삼국사기』 무왕(武王) 35년(634) 기록을 보면 궁남에 못을 파고 20여 리에서 물을 끌어들였으며, 못의 네 언덕에 버드나무를 심고 못 속에 섬을 만들어 방장선산(方丈仙山)을 모방하였다.[56] 그리고 무왕 37년(636) 8월에 망해루(望海樓)에서 군신들에게 잔치를 베풀었고[57], 또 무왕 39년(638) 춘삼월에 왕이 비빈들과 함께 큰 못에서 배를 띄우고 놀았다.[58] 의자왕(義慈王) 15년(655) 2월에 태자궁을 매우 화려하게 수리하고 왕궁 남쪽에 망해정(望海亭)을 건립하였다.[59] 위의 기록에서 방장선산은 삼신산(三神山)이고 우리나라 최초 삼신산이며, 네 언덕에 버드나무를 심었다는 기록은 이 큰 연못을 네모난 방지(方池)로 볼 수 있는 근거가 된다. 또 바다를 바라보는 정자라는 뜻의 망해정의 이름에서 이 못을 바다로 상징했던 것 같다.

이 궁남지(宮南池)는 원래 3만 평 정도였으나 1965~1967년에 현재 규모인 약 1만 3,000평으로 축소, 복원되었다.

정림사지(定林寺址) 연못은 1983~1984년에 걸쳐 발굴되었다. 정림사 남문지로 추정되는 앞 중앙통로를 사이에 두고 동서로 두 개의 방지가 있다. 동지는 동서 길이 15.3m, 남북 길이 11m이다. 못의 호안은 북쪽과 서쪽만 석축으로 상하 2단 정도 50㎝ 미만으로 쌓았다. 서지는 동지보다 약간 작아 동서 길이 11.2m, 남북길이 11m로 거의 정방형에 가깝다. 깊이는 동지와 같이 50㎝ 내외이다. 동지와 서지는 연꽃을 심은 연못임이 확인되었다.

현재 발굴이 계속되고 있는 익산 왕궁리 유적의 정원은 크게 중심시설과 주변시설로 구분된다. 중심시설은 화려한 괴석과 강자갈돌로 장식된 중심부, 입·출수부로 이루어져 있다. 주변시설은 정원 중심부로 물을 공급하고 수량을 조절하기 위한 수조시설(水槽施設) 및 'ㄱ'자형의 암거배수시설, 집수시설로 구성되어 있다. 한편 수려한 자연경관과 어울리는 정원을 관람하기 위한 출입시설, 정각(亭閣)건물도 확인되었다.

정원유구 북편의 구릉지대에는 후원영역이 위치하고 있는데 향후 후원영역의 북편지역에 대한 발굴조사가 마무리된다면 후원영역 전체에 대한 복원 및 연구를 진행할 수 있을 것으로 기대된다.

발해

1900년 초 발굴된 상경용천부 궁성의 동쪽 구역에 있는 어화원 유지(御花園遺址) 정원은 북쪽으로부터 남쪽으로 점차 낮아지는 곳에 있는데 북쪽에는 담벽으로 막은 여러 개 안뜰이 있으며 남쪽에 큰 연못이 있고 그 남쪽에 여러 개 건물들이 있었다. 연못은 인공적으로 파서 만들고 거기서 파낸 흙으로 못 안에 2개의 섬(밑 직경 약 30m, 현재 높이 약 2.7m)을

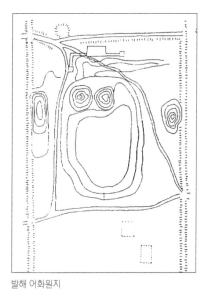

발해 어화원지

만들고 못 북쪽과 동서에 각각 4곳의 가산을 만들었다. 섬 위에는 8각 정자 터가 있는데 여기에서 녹유를 바른 기와들이 나왔다. 이것

은 정자가 잘 장식되어 있었음을 보여 준다. 못 밖 동서의 두 가산에는 건물터가 없고 여기에는 여러 가지 화초를 심고 신기한 짐승을 길렀던 것 같다(리화선, 1989: 188-9). 어화원유지는 발해 귀족들이 놀이터다.[60)]

통일신라시대 연못

안압지(월지)

'안압지'는 삼국을 통일한 문무왕 때 만들어졌다. 안압지가 만들어졌을 당시는 삼국통일의 기운이 가장 왕성했던 시기다. 당시의 통일 정신을 농축해 만들었던 것이 안압지인 셈이다. 『삼국사기』에는 문무왕 14년(674)에 못을 파고 산을 만들고 화초를 심고 진귀한 새와 짐승을 길렀다고 했다. 또 『동국여지승람(東國輿地勝覽)』에는 안압지에 대해 "천주사(天柱寺) 북쪽에 있다. 문무왕이 궁내에 못을 만들고 돌을 쌓아 산을 만들어 무산12봉을 상징하고 화초를 심고 진귀한 새를 길렀다.. 그 서쪽에 임해전 터가 있는데…"라고 기록돼 있다. 또한 『삼국사기』에는 안압지 동쪽에 있는 동궁 관청을 '월지옥전(月池嶽典)'이라 기록하고 있다.

신라시대에는 안압지를 '월지'라고 불렀던 것 같다. 안압지라는 이름은 조선시대 매월당 김시습(梅月堂 金時習)이 쓴 시 「사유록(四遊錄)」에 나오는 안하지구지(安夏池舊址)에서 안하지가 비슷한 한자음인 안압지로 바뀐 듯하다. 또 조선 강위(姜瑋)의 시문 '十二峯低玉殿荒 碧池依舊雁聲長'에서 기러기가 사는 못으로 안압지라는 명칭이 전해진 것도 같다.

十二峯低玉殿荒 碧池依舊雁聲長 열 두 봉우리는 낮아졌고 옥의 전(殿)은 황
폐하였건만 푸르른 못물은 예와 같은데 기러기 소리만 오랫동안 길구나.

『안압지 발굴 보고서』에 의하면 1975년부터 1976년에 발굴조
사를 완료했다. 안압지 동쪽은 굴곡진 호안, 북쪽은 곡선, 남쪽과 서
쪽 호안은 직선으로 돼 있다. 못 속에는 3개의 섬이 있고, 동쪽 굴곡진
호안에는 산을 만든 흔적이 있었다. 안압지 서쪽 못 가에는 5곳에 건
물지가 있다. 못 속의 세 섬은 도교의 신선사상에 나오는 불로장수하
는 신선이 살고 있다는 봉래, 방장, 영주의 삼신산이다. 안압지의 삼
신산은 중국 진시황 이후와 일본 아스카시대 이후의 연못과 기록에

안압지 항공사진

안압지 입수조 복원 정비

서 볼 수 있고, 백제 궁남지 기록에는 방장선산이 나오며, 이러한 삼신산의 영향을 직접 받은 것 같다.

　『동국여지승람』에는 안압지의 못 동쪽에 돌을 쌓아 산을 만들어 무산12봉을 상징했다고 전하고 있다. 19세기 이종상(李鍾祥)이 「정헌집(定軒集)」에 쓴 '무산에 저녁 비 개임'에서도 중국 초나라 선녀가 살았던 무산12봉을 상상할 수 있다.

巫山晩晴 무산에 저녁 비 개임

江南萬里杳靑山 만리 강남에 푸른 산 아득한데

認取峯名向此間 무산 십이봉의 이름 이곳에서 취했지.

獨臥空齋淸不夢 홀로 빈집에 누워 잠 못 이루는데

楚天雲雨盡成閒 아, 초나라 하늘 구름 비는 모두 한가로워라.

이종상(李鍾祥) '정헌집(定軒集)'

임해전(臨海殿)은 안압지 서쪽에서 바다를 마주한 건물이다. 바다란 임해전 동쪽의 안압지를 말한다. 안압지의 서쪽 건물지에서 동쪽 호안을 바라보면 한 곳도 막힘이 없이 계속 이어진 듯 느끼게 되며 먼 바나를 바라보는 것 같다.

안압지에서 출토된 주사위를 한번 굴리면 '혼자 노래 부르고 혼자 마시기(自唱自飮)' 글자가 나오고, 또 한 번 굴리면 '술 석 잔 한 번에 마시기(三盞一去)' 계속해서 '소리 없이 춤추기(禁聲作舞)', '술잔 비우고 크게 웃기(飮盡大笑)', '여러 사람 코 때리기(衆人打鼻)', '달려들어도 가만히 있기(有犯孔過)', '아무에게나 노래 청하기(任意請歌)', '술 두 잔이면 즉각 마시기(兩盞則放)', '시 한 수 읊기(空詠詩過)', '추물을 버리지 않기(醜物莫放)', '간질어도 가만히 있기(弄面孔過)', '팔뚝을 구부린 채 다 마시기(曲臂則盡)', '월경 한 곡조 부르기(月鏡一曲)' 등 글자가 나올 때마다 한바탕 장난질에 신바람이 나는 놀이장면이 연상된다. 주사위 노는 사람 중에는 글자가 새겨진 뼈로 만든 원통 장신구를 차기도 했다. '남녀가 함께 영원히, 참외가 한 넝쿨인 것처럼, 둘이 함께, 남편과 아내가 영원히, 남편과 아내, 그리고 자식이 (함께) 영원히(출토된 장신구 명문 ; 土娘同.瓜胡同.小舍.雙同.主娘同.上女女子同)'

박경자의 『안압지 조영계획』에 의하면 매월당의 시 '引水龍喉勢發戈'(물을 끌어오는 개울물 소리가 높다)에서 용의 목구멍인 용후(龍喉)는 안압지와 용신앙의 관계를 보여 주기도 하지만, 실제로 조선 전기까지도 입수조에는 용 또는 거북 조각물이 있어서 이곳에서 물이 쏟아져 나왔던 것 같다. 그리고 이것은 일본 아스카에서 발굴된 거북모양 석조의 구형석처럼, 거북 조각에서 물이 흘러가는 것과 거의 같은 모습이다. 용과 거북은 동양에서 고대로부터 신의 혼이 깃든 동물로 신성시돼왔다고 한다.

　－안압지 관련 대표적 고시문을 들면 박승임(朴承任)과 이종상(李鍾祥)의 시가 있다.

1. 임해전(臨海殿) 두 수(首)　『嘯皐集』권2 朴承任(1517~1586)
평지에 조성한 안압지 생각사록 아득하데
주민은 오히려 길가 밭을 가르치네.
지대(池臺)의 음악소리는 천 년의 자취인데
밭고랑에 김 맨 농부는 한 자락 둔덕일세.
고기가 썩은 데 누가 죽어간 민생의 고통을 슬퍼할 것이며
날아든 제비는 어찌 허물어진 사당의 터를 안타까워하랴.
서생(書生)은 홀로 나라 걱정에 잠겨
감개한 마음으로 저녁 하늘가에 서 있네.
(臨海殿 二首, 平陸成池想渺然 居人猶指路傍田 池臺歌吹千年迹 畦畛犁鉏一望阡 魚爛誰憐塗地腦 燕安嗟昧燬堂烟 書生獨抱憂時念 感慨盈懷立暮天)

들녘에 바다를 만들었으나 그래도 먼 것이 싫어
반월성 위에 몇 고랑 밭을 뚫어 팠었네.
새와 고기를 기르자 잡초가 무성하고

작은 배를 띄우려니 거친 둔덕뿐이네.

어찌하여 천 길의 물줄기를 터여

죽어간 병사들의 한 횃불을 구하지 못했나.

옛 터를 가르치며 부질없이 찾은 자취

흥망은 참으로 하늘에 매이지 않았다오.

(郊圻濱海猶嫌遠 開鑿城頭幾頃田 役志禽魚餘茂草 從流舸艦但荒阡 如何溟漲
千尋浪 不救兵焚一炬烟 指點舊基空撫迹 廢興眞箇不關天)

2. 『定軒集』권1 李鍾祥(1799~1870)

1. 동쪽 둑에 봄 버들

동쪽 둑에 가득한 씻은 듯 잎새

무수히 드리운 가지 일제히 가지런하구나.

긴 닭 울음소리처럼 시상이 흡족한데 모름지기 고인의 제시를 본받을 필요가
없다오.

(東堤春柳, 春容猗濯滿東堤 無數垂絲一望齊 恰恰鷄聲詩料足 不須援助古人題.)

2. 남쪽 물가에서 저녁 낚시

비안개에 가린 도롱이 호수는 끝없는데

아침 낚시도 저녁 낚시같이 아름답구나.

다만 돌아가려는 마음이 득실에 얽매일까 한스러워

등한히 지인(至人)의 회포에 빠져든다.

(南涯夕釣, 輕蓑煙雨浩無涯 早釣爭如晚釣佳 祇恨歸心存得失 等閒攪動至人懷.)

3. 물안개 덮은 연못 속의 가을 달

연기와 구름이 걷히고 다만 텅 빈 연못에

달과 더불어 주변을 거닐자 어느덧 한밤중.

연못 가운데 달을 잡으려 하지 마오

온 냇물에 밝은 달 또한 깊게 잠겨있네.

(煙潭秋月, 煙收雲斂但空潭 入繞潭行與月三 莫向潭心撈月軆 萬川明月亦洞涵.)

4. 무산에 저녁 비 개임

만리 강남에 푸른 산 아득한데

무산 십이 봉의 이름 이곳에서 취했지.

홀로 빈집에 누워 잠 못 이루는데

아, 초나라 하늘 운우(雲雨)는 모두 한가로워라.

(巫山晩晴, 江南萬里杳靑山 認取峯名向此間 獨臥空齋淸不夢 楚天雲雨盡成閒.)

5. 옛 물가에 떠도는 마름 풀

서라벌의 패업(霸業) 텅 빈 물가에서 물으니

백 번의 싸움 끝에 삼한을 통일했네.

바다에 배 띄우고자 한 외로운 성인의 마음

단단한 큰 심사 누굴 위해 가려 하는가.

(古渚浮萍, 徐羅伯業弔空渚 百戰收功勝大楚 層海乘桴孤聖心 團團斗大向誰擧.)

6. 석대 위에 외로운 소나무

원래 성귀고 여읜데 석대마저 외로워

의지는 높은 선비이며 운치는 매화와 같지.

온갖 풍상으로 끝내 자리지 못했지만

주인장 부디 뿌리를 도우려 하지 마오.

(石臺孤松, 本來疎瘦又孤臺 意似高人韻似梅 萬歲風霜終不大 主翁且莫費栽培.)

7. 평사(平沙)에 기러기 내려앉다

맑은 호수 물 깨끗한 모래밭에

무슨 일로 저 기러기 갔다 다시 찾는가.

외로운 소상강의 머언 남쪽 나그네

애오라지 이곳에서 한 해를 보내려 하는가.

(平沙落雁, 湖明水落足湖沙 底事征鴻去復斜 落落瀟湘南亦客 東湖聊欲度年華.)

8. 야설(夜雪) 덮인 솟은 섬

지난겨울 함박눈 외로운 섬 뒤덮어

하마터면 온 못이 흰색으로 바뀌었지.

하루 밤 동풍에 조금 남은 잔설

반쪽의 흰 분장이 더욱 아름답구나.

(坎島夜雪, 前冬密雪冒危島 欺得全身渾似老 一夜東風吹復殘 輕粧半面更妍好)

3. 삼가 군수 일호(一湖) 박광열(朴光烈)의 임해정시에 차운하여 『修軒集』

(1860~1936)

연창궁(連昌宮)[62]이 낡고 오래되자 새 누각을 세웠는데

신선 같은 선비들 서로 사양하며 모여드네.

무협의 열 두 봉이 눈앞에 펼쳐있고

고성의 차가운 달 반월성에 걸렸다.

푸른 버들 물결에 씻으니 마름 풀 떠다니고

붉은 두공 구름에 번쩍이니 기러기 날아든다.

군수영감 바쁘신데 성대한 연회를 베푸시고

깨었다 다시 취하면 백성과 함께 어울리네.

(謹次朴明府一湖(光烈)臨海殿韻

連昌宮古刱新樓 蓬海仙人許讓頭

巫峽重峰全面盡 孤城寒月半輪秋

絲楊掃浪萍還合 朱栱排雲雁正流

擇勝仁侯多牒暇 能醒能醉與民遊)

안압지를 만들 당시의 식물상태는 문헌 조사와 화분분석의 두 가지 조사방법을 택했다. 그중 화분분석 결과로 그 당시의 식물상태를 어느 정도 상상해볼 수 있었다.

화분(꽃가루)은 단단한 껍질 속에 있고 바람에 날려 지층에 퇴적되어서 오랜 세월 보전되어서 퇴적 당시의 식물의 종류나 생태를 밝힐 수 있다. 연못의 퇴적층에서 화분 분석을 하면 주로 바람에 의해 날아다니는 화분이 나타난다. 안압지에서는 안압지 주위의 키 작은 초본 중 풍매화는 화분 분석 결과에 어느 정도 나타나지만 충매화는 거의 나타나지 않았다. 또한 풍매화 중에서도 키 큰 교목이나 화분의 무게가 가벼운 수목은 바람에 의해 원거리까지 날아갈 수 있기 때문에 안압지에서 멀리 떨어진 곳에 있는 수목까지도 화분 분석 결과로 나타나게 된다. 그러나 대부분의 관상수는 충매화이며, 이 화분 분석 결과로는 주로 주변 식생을 알아보는 데 큰 도움이 된다.

안압지 화분분석 결과로 다음과 같은 결론을 얻을 수 있다.

1. 안압지를 만들 때 오리나무 숲으로 우거졌던 이곳이 점차 인간의 간섭 혹은 어떤 이유에 의해 감소하기 시작했다.

2. 안압지를 만들 때 드물게 나타나던 소나무는 점점 시간이 흐름에 따라 증가하는 반면 참나무는 소나무가 증가함에 따라 점차 감소한다.

3. 안압지를 만들 때 심긴 것으로 보이는 주요 목본으로는 감나무, 털굴피나무 등이 있고, 안압지 만든 이후 증가한 수목으로는 느릅나무, 밤나무 등이 있다.

4. 초본은 화본과, 쑥 등이 전층에 걸쳐 우점종으로 나타난다.

5. 수생식물은 안압지를 만든 초기에는 적게 나타나지만 시간이 흐름에 따라 증가한다.

『삼국사기 』에 기록된 기이한 짐승을 길렀다는 '양진금수(養珍禽獸)'의 동물의 종류는 발굴조사 결과에서 거위, 오리, 산양, 사슴, 말, 개, 돼지 뼈들이 못 속에서 출토되었다. 이러한 동물들이 당시 안압지 주변에 서식하고 있었던 것 같다.

소도 북편 목재 귀틀 노출상태를 볼 때, 발굴할 때 못 한가운데에서 연못에 수초를 번식시키고 연못 전체로 번식되지 않도록 가두기 위한 정방형(한 변 120㎝, 전체 높이 120㎝)의 나무로 만든 귀틀 유구가 나왔으며 이 속에는 개펄 흙이 차 있었다.

안압지에서 출토된 목재귀틀

용강동 원지

용강동 원지는 경북 경주시 황성동과 용강동에 걸쳐 있다. 영남매장문화재연구원에 의해서 용황초등학교 신축부지에서 1998년 9월~1999년 4월에 걸쳐서 발굴되었다. 발굴 결과 원지유적 내부 면적은 약 445평이고 직선과 곡선으로 되어 있는 동·서·남쪽의 호안석축과 연못 중앙부에 위치한 호안으로 둘러싸인 인공섬1, 그리고 인공섬1로부터 북편으로 약 15m 떨어져 북쪽 조사경계 부분에 물려 극히 일부만 확인된 인공섬2, 동안(東岸) 석축 밖에 위치한 측면 1칸·정면 3칸의 건물지1, 건물지1과 인공섬1을 연결시켜 왕래를 할 수 있게 해주는 시설물로 여겨지는 교각지, 연못의 동남쪽 호안석축 가장자리 밖에 위치한 정면2칸·측면1칸의 건물지2와 그 밑으로 지나가는 돌로 만든 입수시설, 이 입수시설과 연결되어 연못 내에 떨어지는 물받이시설 등이 확인되었고 서안석축 밖에는 도로유구와 이와 관계되는 배수시설로 여겨지는 남북 방향의 도랑이 있다. 앞으로 주변지역이 더 발굴되어야만 이 원지의 전체 모습이 확인될 수 있을 것이다. 이 원지 유적이 만들어진 연대는 출토유물로 볼 때 8세기 무렵일 것으로 추정되며, 통일신라시대의 대표적 원지(苑池)인 월지(안압지)와 서로 비교할 수 있는 중요한 정원 유적이다. 또한 일본의 아스카에서 발견된 원지 유구(苑池遺構)와 관련이 있는 당시 정원 연구에 좋은 자료가 되고 있다.

구황동 원지

위치도

구황동 원지 유적은 경주시 구황동 일대 분황사 동쪽에서 경주문화재연구소가 1999년부터 2004년 3월까지 발굴조사를 했고, 그 결과 통일신라의 연못과 축대, 계단, 육각형 건물터, 배수로 등이 발견되었다.

신라 고도 경주에서 안압지와 용강동 원지에 이어 세 번째 원지가 확인된 것이다. 원지 내에는 2개의 인공 섬과 180m 길이의 호안 석축으로 구성된 연못유구를 비롯해 출수구와 배수시설 등이 있다. 부지는 동서 약 160m, 남북 약 170m로 전체면적 24,549㎡(7,426평)이며, 서북—동남 방향으로 길쭉한 3개소의 평탄면으로 서남쪽에서 동북쪽으로 갈수록 낮아지는 계단상 지형이다.

연못 발굴결과에 의하면 남북 최대 길이 46.3m, 동서 최대 너비 26.1m이며 안압지 크기의 1/15이고 동북 끝이 깎인 평면 장방형이다. 대·소 2개의 인공 섬이 남북 방향에 위치하고 있고 2개 섬은 크기와 축조방법에서 차이가 있다. 작은 섬(남쪽)는 평면상 사각형에 가까우며 둘레 43m, 면적 118㎡(36평)으로 연못 부지를 파고 흙 쌓는 과정을 통해 만들어졌고 큰 섬(북쪽)은 평면상 부정형 둘레 70m, 면적 301㎡(91평)으로 원래 지반을 이용하고 물이 담기는 지역만을 판 후 만들었다.

2개 인공 섬을 갖는 연못을 중심으로 축대, 계단, 입·출수구, 수로,

동북쪽 방향으로 촬영한 전경

남쪽 방향으로 촬영한 전경

동남쪽 방향으로 촬영한 전경

전각(殿閣) 부지, 담장, 육각형 유구 등 다양한 정원 부대시설과 원지 담장외곽 북서편에 대·소형 건물지, 우물, 보도, 담장 등 생활공간시설이 위치한다. 발굴과정에서 볼 때 연못 유적은 최소 1회 이상의 획기적인 변형 또는 대대적인 보수가 있었던 것으로 보인다.

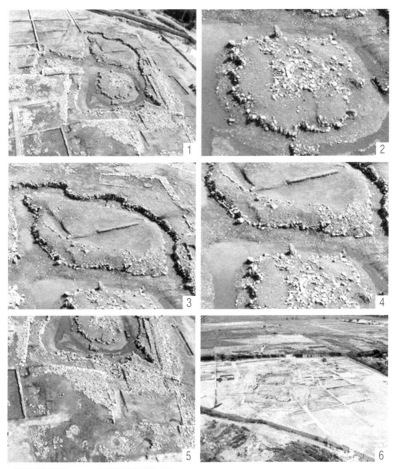

1 항공사진 (전경)　　　2 항공사진 (작은 섬)
3 항공사진 (큰 섬과 주변) 4 항공사진 (작은 섬과 큰 섬 사이 공간)
5 항공사진 (남쪽)　　　6 항공사진 (북동쪽에서 본 연못 전경과 주변)

1 연못 남안 호안석축 일부   2 경관석

구황동 연못은 항공사진 촬영을 통해서 전체 모습과 섬의 모습, 그 섬과 주변의 모습, 섬과 섬 사이의 공간, 연못의 남쪽 상태, 연못의 북동쪽에서 바라본 연못의 전체 모습 등을 볼 수 있다.

입·배수 시설 유구는 동편 입수구 입수로가 있고 완만한 경사를 이루는 바닥면은 호안에 인접하여 80cm의 낙차를 두어 연못으로 이어진다. 연못 서쪽, 건물지군 남쪽에서 'ㄹ'자형 출수로와 돌을 깐 시설이 확인되었다.

2002~2004년에 조사된 정원 시설물로 볼 수 있는 육각형 석조유

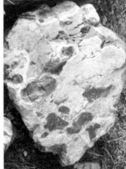

수습된 경관석

육각형 유구

구는 계단으로부터 남쪽으로 약 5.5m 거리에서 확인되었고 전체 평면 형태를 보면 원형 공간이 일정한 간격으로 모서리별로 배치되어 있다.

담장은 공간을 분할하는 외곽담장과 주거지 내부에서 사이를 가르는 담장으로 구분되었다. 분황사 주변 담장의 발굴 확인으로 구황동 원지는 분황사의 동편 연못으로 추정된다.

이 원지의 식생은 문헌조사와 화분조사의 두 방법을 사용해서 당시 식생을 추정해 볼 수 있다.

문헌 조사에 의해서 『삼국사기』, 『삼국유사』, 『동국통감』 등에 나오는 삼국시대의 조경 수목은 복숭아, 오얏, 매화, 느티, 연꽃, 배나무, 살구, 모란, 버들, 잣, 소나무, 대, 산수유, 치자나무 등이 있다.

구황동 원지 화분 분석 결과에 의하면 퇴적 초기에는 형산강 유역

충적저지에 느릅나무류를 우점으로 하는 냉온대 남부/저산지 낙엽활엽수 식생이 발달하였다. 이후 조사지점 주변의 낙엽활엽수림은 소멸되었으며 그 이후 초지가 현저하게 확대되었다. 이러한 낙엽활엽수림의 소멸은 인간 간섭의 급격한 증가 결과를 반영한 것으로 판단된다. 한편 구황동 원지지역 주변의 산지 지역은 소나무류를 중심으로 한 냉온대 남부/저산지형의 상록침엽수림이 퇴적 초기부터 현재까지 발달했다고 본다.

월성 해자

월성은 흙과 돌로 쌓은 궁성지(宮城址)이며, 월성의 위치는 경주시내 남쪽의 남천변이며, 북쪽은 경주시내, 남쪽은 남천을 건너 남산이 있다.

월성 해자는 경주 월성을 둘러싸고 있는데, 성의 둘레를 감싸듯 돌아가며 인위적으로 판 후 물을 담아 적이 쉽게 성 안으로 침입하지 못하게 하는 일종의 방어시설이다.

중국에서는 앙소기(仰韶期)의 대표적인 유적인 시안(西安) 반피촌에서 주거지역을 감싸고 있는 호구(壕溝)의 존재가 확인되어 가장 오래된 원시 형태의 해자로 파악되고 있으며[63], 우리나라의 가장 시원적(始原的) 형태의 해자로는 울산 검단리(蔚山 檢丹里), 김천 송죽리(金泉 松竹里)의 유적에서 확인된 선사시대 주거지 외곽인 환호(環濠) 시설물 등이 있다. 고구려의 국내성(國內城)에도 북벽 서편 외부로 일정 거리를 두고 너비 10여 m에 달하는 해자가 길게 뻗어 있었으며[64], 백제의 몽촌토성(夢村土城)에서도 서북벽과 동벽 하부에서 해자의 흔적이 발견되었다.

1980년대 이후 국립경주문화재연구소의 조사에서 월성 주변에는 이와 유사한 형태의 해자가 10개 이상이었던 것으로 확인되었다. 다만, 보통 관통하는 1개의 도랑을 파서 만드는 다른 해자와는 달리 이곳에서는 불규칙한 연못 형태의 구덩이가 여러 개가 연결되어 있어 구지(溝池, 도랑 연못)와 같은 느낌이 드는 것이 특징이다.

조사 결과, 삼국시대 이전부터 월성 주변에는 자연 구덩이로 이루어진 습지가 형성되어 있어 자연 해자의 역할을 하였던 것으로 보인다. 이것들을 나중에 재정비하여 석축 해자를 만든 것으로 추정된다. 월성 주변의 해자는 세 가지 유형으로 구분된다. 월성 남편을 활처럼 휘어 흐르는 남천을 그대로 이용한 자연해자와 성벽 기저부를 따라 평면 부정형의 못을 파고 냇돌로 호안을 구축한 연못형 해자, 그리고 연못형 해자를 메우고 정다듬한 화강암을 정연하게 쌓은 동편 석축해자가 있다.

이 중 연못형 해자는 여타 유적지에서 확인된 해자와는 다르게 월성 동·서·북편에서 확인되었는데, 성벽 기저부를 따라 일정한 폭을 유지하면서 서로 독립된 연못이 동-북-서로 단을 두고 연접해 있다. 각 해자는 동에서 서쪽으로 가면서 약간의 높이 차이를 두어 물이 흐를 수 있도록 했던 것으로 확인된다. 북천에서 소지류를 따라 현재의 보문들과 구황들로 흘러든 물이 월성 동편으로 모여져 월성 동편 해자로 입수되어 일정 수위가 유지되면 경계를 넘어 각 해자로 채워졌고, 최종적으로 월정교지 발굴 때 확인된 해자배수 유구를 통하여 남천으로 흘러든 것으로 보인다.

월성 4호 해자는 월성의 북편에 위치하고 있으며 동서의 길이가 약 80m, 남북 약 40m에 달하는 장타원형 모양의 해자이다.

월성 4호 해자는 월성의 방비 또는 조경에 큰 역할을 했을 것으로 추정된다. 특히 잔존하고 있는 석축은 근처 임해전지(안압지) 유적에서 발견된 석축과 비교해 보면 신라시대 석축을 쌓는 기술을 연구하는 중요한 자료가 된다. 특히 시기별 변천 및 중복 상태와 해자 간의 연결 상태 및 물의 흐름을 보여 주는 입·출수 시설은 신라의 건축기술을 아주 잘 드러낸다.

포석정

경주시 배동 454-3번지에 있는 포석정지(鮑石亭址, 면적 7,445m2)는 1963년 1월 21일 사적 제1호로 지정됐다. 포석정이 위치하는 골짜기를 포석골이라고 한다. 포석골은 금오봉 정상에서 북으로 약 1km쯤 흐르다가 부엉드미 근처에서 서쪽으로 방향을 바꾸면서 유느리골 여울물과 합류한다. 이어 배실(碁巖谷) 여울과 합쳐 포석정 옆을 지나 기린내로 들어가는 깊은 골짜기이다. 이 계곡의 물은 거대한 바위에서 폭포를 만들면서 아래에서는 소를 이루며 경사가 급한 데서는 여울져 흘러내려 절경을 이룬다.

『신증동국여지승람』의 기록에서는 포석정은 부의 남쪽 7리, 금오산의 서쪽 기슭에 있다. 돌을 다듬어 포어(鮑魚)의 형상으로 만들었기 때문에 그렇게 이름 지은 것이다. 유상곡수(流觴曲水)의 유적이 완연히 남아 있다.

포석정 유구

　포석정 일대는 월성 남쪽의 이궁터(離宮址), 즉 임금이 행차하였을 때 머무르는 별궁(別宮)이다.

　『삼국유사(三國遺事)』에서는 왕(憲康王)이 또 포석정에 갔을 때(又幸鮑石亭) 남산신이 나타나 왕 앞에서 춤을 추었다. 그러나 왕에게만 보일 뿐 다른 사람들의 눈에는 보이지 않았다. 사람(신)이 나타나 춤을 추므로 왕 자신도 이를 따라 춤을 추면서 그 형상을 나타냈다. 그 신의 이름은 혹 상심(詳審)이라고 했으며, 지금까지 나라 사람들은 이 춤을 전해 어무상신, 또는 어무산신이라 한다. 어떤 이는 말하기를 신이 이미 나와서 춤을 추었으므로 그 모습을 살펴 공인(工人)에게 명하여 새기게 하여 후세 사람들에게 보이게 했기 때문에 상심(象審)이라고 했다고도 한다. 혹은 상염무(霜髯舞)라고도 하니 이것은 그 형상에 따라 일컬은 것이다.(『三國遺事』 권2　處

容郞 望海寺)

포석정은 잔치의 장소로 기록되었다. 견훤(甄萱)이 신라를 침범해서 고령부(高鬱府)에 이르자 경애왕(景哀王)은 우리 고려 태조(太祖)에게 구원을 청했다. 태조는 장수에게 명하여 강한 군사 1만 명을 거느리고 가서 구원했는데, 구원병이 미처 이르기도 전에 견훤은 그해 겨울인 11월에 신라 서울로 쳐들어갔다. 이때 왕은 비빈과 종척(宗戚)들과 포석정에서 잔치를 열어 즐겁게 놀고 있었기 때문에 (遊鮑石亭宴娛) 적병이 쳐들어 오는 것도 모르다가 창졸간에 어찌할 줄을 몰랐다.(『三國遺事』 권2 金傅大王)

견훤은 고령부를 습격하여 취하고 시림(始林)으로 군사를 다그쳐 드디어 신라 왕도에 쳐들어갔다. 마침 신라의 왕이 부인과 더불어 포석정에 나가 놀 때라(新羅王與夫人出遊鮑石亭)이로 말미암아 낭패 막심이었다. 견훤은 왕의 부인을 끌어다 강제로 욕보이고, 족제(族弟) 김부(金傅)로 하여금 왕위에 오르게 하였다. (『三國遺事』 권2 後百濟 甄萱)

고려 태조 10년에 후백제의 견훤이 고령부를 습격하고 근기(近畿)에 싹 다가왔다…. 그때에 경애왕(景哀王)은 비빈과 종척들과 더불어 포석정에 나가 잔치를 하고 즐기다가 갑자기 적병이 왔다는 말을 듣고 어찌할 바를 알지 못하였다.(『新增東國輿地勝覽』 권21 慶州府 古蹟)

그러나 위 기록과 달리 포석정은 사당으로의 역할이 중요하다고 본다. 1999년 5월 7일 국립경주문화재연구소는 주목할 만한 발굴을 했다. 포석정(鮑石亭) 남쪽 담장 밖 유적을 조사하다 폐기와 무지에서 '포석'(砲石)이라는 글자가 새겨진 기와를 발굴한 것이다. 연구소의 발표에 따르면 명문이 있는 기와의 제작 연대는 삼국시대로 소급될 가능성을 배제할 수 없다고 했다. 실제로 폐기와 무지에서 함께 출토된 기와는 대부분 삼국시대에 만들어진 것이라고 한다. 지금까지 포석정은 9세기 초반에 만들어졌다는 설이 정설로 받아들여졌으나 이번 발굴로 그 시기가 훨씬 이전으로 올라갈 수 있다고 추정하고 있다.

깨진 평기와는 가로 5.5cm, 세로 8cm의 네모난 구획으로 나누고 그 안에 포(砲)자는 4.3cm×4.0cm, 석(石)자는 2.4cm×3.0cm의 크기로 적혀 있다. 포석(砲石)은 포석정(鮑石亭)의 포석(鮑石)을 발음대로 쓴 것이다.

「화랑세기」에는 포석사 또는 줄여서 '포사'(鮑祠)에 대한 이야기들이 나온다. 이는 전혀 새로운 사실이다. '화랑세기'에 나오는 포석사 또는 포사의 '사'는 사당 '사'(祠)자다. 사당은 신주를 모셔둔 집이다. '화랑세기' 8세 문노(538~606) 조에는 '포석사에(문노의) 화상(畵像)을 모셨다.(김)유신이 삼한을 통합하고 나서(문노)공을 사기의 근본으로 삼았으며 각간으로 추증하였고 신궁의 선단에서 대제를 행하였다. 성대하고 지극하도다!'라는 이와 관련한 중요한 기록이 나온다.

이 기록을 통해 포석사에는 문노의 화상을 모셨다는 사실을 알 수 있다. 특히 8세 풍월주 문노의 낭도들은 무사를 좋아하고 호탕한 기질이 많았다고 하며 나라 사람들이 문노의 화랑도를 호국선이라고 불렀다는 사실이 눈길을 끈다. 문노는 풍월주가 되기 전에 이미 나라를 지키는 전쟁에 여러 번 참가했다. 554년 김유신의 할아버지 무렵이 백제를 칠 때는 열일곱 살의 나이로 참전해 공을 세웠다. 555년에는 현재의 서울 근처인 북한(北漢)에서 고구려 군을 쳤다. 557년에는 북원에서 북가야를 쳐 모두 공을 세운 바 있다. 그 결과 「화랑세기」에는 다음과 같은 기록이 있다.

(문노)공은 용맹을 좋아하고 문장에 능하였으며, 아랫사람 사랑하기를 자기를 사랑하는 것처럼 했으며, 청탁에 구애되지 않고, 자기에게 귀의하는 자는 모두 어루만져 주었다. 그러므로 명성이 크게 떨쳤고, 낭도들이 죽음으로써 충성을 바치기를 원했다. 사풍(士風)이 이로써 일어나 꽃피었다. 통일대업이 공으로부터 싹트지 않음이 없었다.

신라 사람들은 문노가 삼한통합(삼국통일) 훨씬 이전에 죽었음에도 불구하고 문노에서 비롯하였다는 사풍을 높이 평가했으며 통일의 대업이 그로부터 싹텄다고 여겼다는 것을 알 수 있다. 삼한통합 이후 문노의 화상을 포석사에 모신 것이 이를 증명한다. 그만큼 포석사는 신성한 사당이었다. 더욱이 삼한을 통합한 사기의 근본이 되는 문노를 모신 포석사가 결코 놀이터일 수는 없다. 65)

최근에는 나정에서 시조묘 제사 후 연회하던 장소66)로 추정하고 있다. 나정(蘿井)은 신라 시조묘 박혁거세의 탄생지이다. 2002~2005년의 발굴 결과 드러난 팔각형의 건물지는 시조묘에 대한 제사를 지낸 곳으로 추정되며, 시조묘 제사 후 신라왕들은 포석정에서 곡수연을 즐겼던 것으로 볼 수 있다.

불국사 구품영지

1970년 10월 26일부터 12월 4일까지 발굴한 구품연지(九品蓮池)는 고고학 분야에서 학계 최초로 정식 발굴조사된 것이다.

청운교와 백운교를 오르면 자하문을 거쳐 사바세계의 대웅전으로 가서 석가모니 부처님의 설법을 듣게 되고, 연화교와 칠보교를 오르면 안양문을 지나 극락세계인 극락전으로 들어가 아미타부처님의 품에 안기게 된다는 연화칠보교(蓮花七寶橋)와 관련이 있는 구품연지에 대한 기록이 「불국사 고금창기(古今創記)」에 나오며, '품연지' '가경(嘉慶)3년 무오년(戊午年)(정조3년 AD 1798)에 연못의 연잎을 뒤집다."라는 두 줄밖에 없고 처음부터 발굴과정에 많은 어려움이 있었다.

구품연지는 화엄경에 근거한 연화칠보교와는 상관없이 청운교(靑雲橋)와 백운교(白雲橋) 남쪽에서 발견되었고 매일 밀려드는 인파로 그 전체 모습을 드러내지 못하고 당초의 계획과 달리 유구 확인 이후 매몰되어 유감이다.

발굴조사에서는 대웅전 앞마당에서 흘러내리는 배수로의 홈통이 핍영루(泛影樓) 축대의 좌우에 있는 것으로 보아 불국사 고금창기에 두 줄밖에 안 보이는 구품연지의 위치가 이와 관련된 것으로 짐작되었다. 그래서 처음 불국사 복원위원회에서 만들어 놓은 기점(Base Mark)을 중심으로 축대 밑에서 집중적으로 동서남북으로 조사했다. 그러나 축대 밑에서는 유구의 흔적을 찾아볼 수 없었고 흙갈색 부식토층 아래에서 검은 개흙에 섞여 물이 스며드는 것을 발견했다.

발굴종료 며칠 전 화엄불국사의 연화칠보교가 구품연지와 관계가 있다는 소문에 따라 연화칠보교 밑을 조사한 결과 그렇지 않다는 확증을 얻게 되었다. 구품연지는 청운교·백운교 남쪽에 위치한다는 것을 발굴로 알게 되었다. 발굴된 유구를 보면 당초의 연지는 청운교와 백운교 정남에서 대략 타원형을 그리며 위치하고 있었다고 보이며 그 크기는 동서장축 약 39.5m, 남북장축 25.5m, 깊이 2~3m이다. 그리고 축조방식은 북쪽의 경계선에서 나타난 것을 보면 풍화된 모래층을 인위적으로 깎고 길이 0.7~1m에 달하는 큰 암석으로 돌아가며 쌓은 것인데 이것은 핍영루 아래 석축에서도 보이는 바와 같이 통일신라시대의 전형적인 석축방법 중 하나로 보인다.

그러나 시간이 지날수록 불국사에 대한 연지의 비중이 격감했는지 그렇지 않으면 토사의 자연매몰이었는지 또는 물의 부족이었는지 간에 북에서부터 점차 인위적인 매몰이 되었던 것 같다.

발굴 결과 정확한 시기는 알 수 없지만 원래의 북측 경계선에서 3.8~4m 후퇴하여 폭 2~2.5m 넓이의 돌을 나란히 안팎으로 쌓아 그곳까지 인위적으로 매몰한 흔적이 보이며 축소됨에 따라 배수로 설치를 하면서 본전 밑에서 내려오는 배수로의 수량 처리밖에 하지 못한 것 같다.

그러다가 조선시대에 완전히 폐기되어 매몰된 것이 아닌가 한다.

1938년경 불국사가 일제 강점기에 미술사적인 가치를 인정받게 되어 심하게 황폐된 절을 일본인에 의해 재건될 때 못은 흔적이 분명치 않아서 완전히 정리되었고 그후 1958년 남북선상으로 시멘트 배수로 가설, 상수도 파이프 설치와 벚나무 이식 등 일부 변화를 겪으면서 오늘에 이른 것으로 보인다.

인용사 연못

2007년 발굴 보고에 의하면 연못은 현재 조사지역의 남단에서 2개소가 조사되었다. 서지(西池)는 가람 배치의 중심선에 위치하며, 동서 방향으로 긴 장방형이고, 모두 두 번에 걸쳐서 개축되었다. 동지(東池)는 남북 방향으로 긴 장방형이고, 초축 이후 한 번 축소 개축된 것으로 확인되었다. 서지와 동지는 내부에서 출토된 유물로 보아서 만든 시기가 비슷한 것으로 추정된다.

서지(西池)는 가람 배치의 중심구에 위치한다. 서지는 모두 두 차례에 걸쳐서 개축된 것으로 확인된다. 초기에 발굴한 호안은 동·서·북쪽 호안이 잔존하고 있으나, 남쪽 호안은 두 차례의 개축과정에서 대부분 파괴되고 서쪽 호안과 접하는 지점에서 일부만 확인된다. 2차 시기의 호안은 초기의 북쪽 호안을 그대로 사용하고 서쪽 호

인용사 연못

안은 축소하여 다시 축조하였다. 3차 시기에는 2차 시기의 호안 안쪽에 새로이 호안을 축조하여 조성하였다. 2차에 걸친 진행된 서지의 개축은 호안의 규모가 계속 축소되었으며, 축조방법 또한 초기보다 거칠다.

동지(東池)는 서지에서 동쪽으로 16m 떨어진 지점에 위치한다. 한 차례 축소 개축되었으며, 초기의 잔존 규모는 깊이가 1m로서 4면의 호안이 잘 남아 있다. 호안의 남서쪽에는 입수구로 추정되는 석축수로가 연결되어 있다.

2차 시기의 동지는 초기의 호안 내부에 새로이 호안을 축조하였는데, 1차보다 상당히 거칠게 축조되었다.

이 조사에 의해 신라 하대의 사찰 연못을 확인하였고, 현재까지 경주 지역에서 확인된 사찰 연못은 불국사의 구품연지가 있지만, 개략적인 규모만 확인한 한계가 있다. 인용사지에서는 신라 하대 사찰연못의 구조와 규모를 확인하여 향후 복원·정비에 필요한 기초자료를 확보한 것이다.

구분	연못 (동)	연못 (서)
입지	연못(서)에서 동으로 16m 지점	'+'자형건물지 남쪽으로 23m 지점
형태	남-북 장축의 장방형	동-서 장축의 장방형
규격	1차 : 동서-3.4m, 남북-5.9m 2차 : 동서-2.0m, 남북-3.6m	1차 : 동서-15.5m, 남북-5m(?) 2차 : 동서-14.0m 남북-? 3차 : 동서-?, 남북-5.0m

서출지(書出池)

서출지는 경주시 남산동 974−1번지, 남산의 동쪽에 있다.

신라 소지왕 때 '사금갑(射琴匣)' 전설과 관련이 있는 연못이다. 『삼국유사』의 기록에는 소지왕 10년(448) 정월 15일에 왕은 천천정(天泉亭)에 행차하였는데, 쥐와 까마귀가 나타나서 울더니 쥐가 사람의 말로 "이 까마귀가 날아가는 곳을 따라가 보시오."라고 하였다. 왕은 기사(騎士)에게 까마귀를 따라가도록 하였는데, 남쪽은 피촌(避村)에 이르자 두 마리의 돼지가 한창 싸우고 있었다. 기사는 돼지의 싸움에 정신이 나가 구경하다가 까마귀의 행방을 잃어버렸다. 기사가 근처를 헤매고 있는데 문득 길 옆의 연못에서 노인이 나타나 편지 한 통을 전해 주었다.

편지의 겉봉에는 "이 편지를 열어보면 두 사람이 죽을 것이요. 열어보지 않으면 한 사람이 죽을 것이다."라고 쓰여 있었다. 이야기를 들은 왕은 희생을 줄이겠다는 의도에서 편지를 열지 않겠다고 했으나 일관(日官)이 "두 사람이란 일반이요, 한 사람은 왕을 가리키는 것입니다."라고 아뢰었다. 왕은 그 말을 따라 편지를 열어보았는데, 그 안에 "거문고 상자를 쏘시오[射琴匣]."이라는 세 글자가 있었다. 왕은 이내 궁으로 돌아와서 거문고 상자를 쏘았더니 그 안에는 내전에서 불사를 맡아 행하는 승려와 궁주(宮主)가 숨어 있다가 화살을 맞고 죽었다.

이때부터 우리나라 풍속에 정월의 초해일(初亥日), 초자일(初子日), 초오일(初午日)에는 일을 삼가고 함부로 행동하지 않으며, 정월 보름날은 오기일(烏忌日)이라 하여 찰밥을 마련하여 까마귀에게

제사를 드리는 풍속이 생겼다. 이런 풍속들은 속언으로는 '달도(怛
忉)'라고 하는데 그것은 슬프고 근심스러운 마음이 들어 행동을 조
심한다는 뜻이다. 그리고 지금도 우리 지방에는 정월 보름날 사람들
이 감나무 밑에 찰밥을 놓으면서 '까마귀 밥 주자.'고 하는 풍습
이 있다.

　이 연못은 노인이 편지글을 왕에게 올렸다고 하여 서출지로 불려
지고 있다. 주위에는 배롱나무가, 못 속에는 연(蓮)이 자라고 있으며,
연못가에 조선 현종 5년(1664) 임적(任勣)이 지은 이요당(二樂堂)
이라는 정자가 있다.

서출지

二樂堂 和李南廬次陳后山葆眞池韻　李覲吾(1760~1834)　「竹塢集권1」

「이요당(二樂堂)」이남려(李南廬)가　진후산(陳后山)의　「보진지(葆眞池)」 시를 차운한 시에 화운(和韻)함〔和李南廬次陳后山葆眞池韻〕

二樂有高堂, 산과 물을 좋아함에 높은 당을 세웠으니,

夏熱不須病. 무더운 여름에도 고통스러움 없다 하네.

携我五六老, 우리 같은 늙은 이 대여섯 사람 이끌고 와서

夜話轉斗柄. 밤 깊도록 얘기하며 시간 가는 줄 모른다네.

笻屐尋勝致, 지팡이에 나막신 신고 좋은 경치 찾아가니,

池臺動高興. 연못과 누대가 깊은 흥취를 자아내네.

書出留古蹟, 글이 나온 연못이라 옛 자취 남아 있는데,

林深地幽靜. 숲이 깊으니 그윽하고 조용한 장소이로다.

風來荷葉飜, 바람이 불어올 땐 연꽃 잎이 뒤집어지고,

日暖樹陰正. 햇볕이 따뜻할 땐 나무 그림자가 바로 서네.

垂釣倚層欄, 낚싯 줄 드리운 채 충란(層欄)에 몸 기대고,

觀魚俯明鏡. 물고기 구경하느라 물 위에 허리 굽히네.

平郊望無邊, 펼쳐진 교외는 가이 없이 바라보이는데,

洩雲姿不定. 흘러가는 구름은 모양이 일정하지 않구나.

香山會九老, 당나라 아홉 노인이 만든 향산(香山)의 구로회(九老會)도

豈若玆遊盛. 어찌 성대한 우리의 이 유람하는 모임과 같겠는가.

碧筒淸香濃, 연잎에 부어 마시는 술은 향기가 짙고,

碁局戲事賸. 바둑판 위의 놀이는 재미가 넉넉하다네.

膾鯽且飮醪, 붕어를 회 쳐 먹고 또 술을 마시는데,

一觴而一詠. 술 한 잔을 마실 적마다 시 한 수를 읊는다네.

明年知誰健, 궁금하구나, 명년에는 어느 누구가 건강하여

重泛剡溪艇. 뱃놀이하는 우리 모임에 다시 나올 수 있을는지.

山水堂   月城 崔鉉敎 (舊韓末)

伯兮堂北弟堂西, 형은 당 북쪽에 살고 동생은 당 서쪽에 살았는데,

肯搆賢孫孝思長, 당을 지은 자손들은 효성이 유장(悠長)하구나.

萬壑煙霞成痼疾, 만학(萬壑)의 연하(煙霞)는 산수(山水)의 고질을 만들어
주었고,

一區泉石點修藏, 한 터전의 천석(泉石)은 공부의 성취를 점검해 주네.

棣花韡韡春風遠, 당체 꽃 눈부시니 화락한 우애(友愛) 멀리 퍼지고,

桂樹幽幽晚節香. 계수나무 무성하니 만년의 절조 향기롭네.

楣揭嘉名仁智合, 산(山) 수(水)의 좋은 당호(堂號) 인(仁)과 지(智)의 뜻
에 부합하니,

高山流水倍生光. 높은 산과 흐르는 물이 갑절로 빛이 나네.

영지(影池)

경주시 외동읍 괘릉리 1261번지에 있다. 불국사 삼층석탑(佛國寺
三層石塔), 일명 석가탑(釋迦塔) 혹은 무영탑(無影塔)을 조성할 때
의 일화가 서려 있는 곳이다.

「불국사고금창기」에는 "석가탑은 일명 무영탑이라고 한다. 절
을 처음 지을 때, 장공(匠工)이 당나라에서 온 사람이었는데, 그에게
는 누이동생이 있어 이름을 아사녀(阿斯女)라고 하였다. 공장을 찾

영지

아왔으나 공사가 아직 끝나지 않아 만날 수 없으니 이튿날 아침 서쪽 10리가량 되는 곳에 가면 못이 있을 것이니, 그 못에 가 보면 탑의 그림자가 비칠 것이라고 하였다. 그녀는 이 말을 따라 못에 가 보니 탑의 그림자가 없었다. 그리하여 탑의 이름을 무영탑이라 부르게 된 것이다." 라는 말이 전해 내려오고 있다.

이 기록에는 장공을 당나라 사람이라 하고 이름이 없으나, 현진건(玄鎭健)이 소설 『무영탑』을 쓰면서 장인을 백제 사람 아사달(阿斯達)로 고쳐 등장시켰다.

영지 남쪽 가까운 곳에 작은 암자가 있으며, 영지석불좌상(影池石佛坐像)이 있다.

54) 『三國史記』 卷 第25 百濟本紀 第三 辰斯王 七年條 "春正月 重修宮室 鑿池造山 以養奇禽異卉"

55) 『三國史記』 卷 第26 百濟本紀 第四 東城王 二十二年條 "春 起臨流閣於宮東 高五丈 又鑿池養奇禽"

56) 『三國史記』 卷 第27 百濟本紀 第五 武王 三十五年條 "三月 穿池於宮南 引水二十餘里 四岸植以楊柳 水中築島嶼擬方丈仙山"

57) 『三國史記』 卷 第27 百濟本紀 第五 武王 三十七年條 "秋八月 燕群臣於望海樓"

58) 『三國史記』 卷 第27 百濟本紀 第五 武王 三十九年條 "春三月 王與嬪御泛舟大池"

59) 『三國史記』 卷 第28 百濟本紀 第六 義慈王 十五年條 "春二月 修太子宮極侈麗 立望海亭御王宮南"

60) 황림계 저, 방학봉 역, 1992 : p.109

61) 이 내용은 益齋 李齊賢(1287~1367)의 고사에서 원용한 것 같다. 충선왕이 원나라 만권당에 있을 때의 일이다. 무심코 '닭소리는 마치 문전의 버들가지와 같구나.'(鷄聲恰似門前柳) 라고 시를 지으니, 원나라 학자들이 전고의 출처를 물었다. 이에 충선왕이 대답을 못하고 머뭇거리자 곁에 있는 익재 선생이 곧 우리 東人詩에 '해가 뜨자 지붕 위의 닭 울음소리, 늘어진 수양버들처럼 길구나.'(屋頭初日金鷄唱 恰似垂楊嫋嫋長) 라는 詩句가 있는데, 이를 취하신 것이라고 했다. 본 시는 이러한 일화를 裏證하고 있는 것으로 보인다. 『益齋集』

62) 河南省 宜陽縣에 있던 唐의 行宮. 元稹(779~831)의 〈連昌宮辭〉가 전함.

63) 竹島卓一. 1970. 『中國の建築』.

64) 吉林省文物考古研究所·集安市博物館. 2004 『國內城 - 2000~2003年 集安國內城與民主遺址試掘報告』.

65) 이종욱(2000). 포석정은 왕들의 놀이터가 아니었다. 월간중앙301. pp.322~324, p.325

66) 경주 나정(2005). 제1회 중앙문화재연구원 학술대회

조선시대 연못

The ponds in The Chosum Dynasty

연못 양식에는 도교 신선사상의 영향으로 연못 속에 불로장생하는 신선이 산다는 봉래, 방장, 영주의 세 섬을 만드는 삼신산과 음양오행 영향과 천원지방(天圓地方) 사상에 의해서 네모난 연못에 둥근 섬이나 네모난 섬을 만드는 방지원도(方池圓島)와 방지방도(方池方島), 유교의 영향에 의해서 네모난 형태를 갖는 방지, 한국 정원의 자연주의 특징으로 보이는 비정형지가 있다.

경북 성주의 〈쌍도정도〉

조선시대 연못

The ponds in The Chosum Dynasty

연못 양식에는 도교 신선사상의 영향으로 연못 속에 불로장생하는 신선이 산다는 봉래, 방장, 영주의 세 섬을 만드는 삼신산과 음양오행 영향과 천원지방(天圓地方) 사상에 의해서 네모난 연못에 둥근 섬이나 네모난 섬을 만드는 방지원도(方池圓島)와 방지방도(方池方島), 유교의 영향에 의해서 네모난 형태를 갖는 방지, 한국 정원의 자연주의 특징으로 보이는 비정형지가 있다.

도교 삼신산

쌍도정

겸재(謙齋) 정선(鄭敾, 1676~1759)이 그린 <쌍도정도(雙島亭圖)>에서 쌍도정은 경상북도 성주(星州)의 관아 중 서헌(西軒) 객사인 백화헌(百花軒)의 후원 남쪽 연못에 있던 정자이다.

현재 관아는 거의 남아있지 않고 쌍도정 터는 흙으로 메워서 버스 정류장을 만들었다. 연못자리 주변을 따라 민가가 둘러 있고 왼편 일부에는 버스터미널이 있다. 주변 습지에는 버드나무가 몇 그루 서 있는데 연못 가장자리의 오른쪽 끝에는 <쌍도정도>와 같은 위치에 그림과 유사한 모습의 버드나무 한 그루가 지금도 남아 있다. 주민들에 의하면 50여 년 전까지도 쌍도정 연못이 보존되어 왔다고 한다.

<쌍도정도>는 정선이 성주 인근의 하양(河陽) 현감을 지낼 때 (1721~1726) 그렸을 가능성이 높다. 성주는 대구의 서쪽에 인접해 있고(30리) 하양은 대구의 동북쪽으로 60리 길이다.

<쌍도정도>에는 이병연(李秉淵)과 조영석(趙榮祏)의 제발문67)이 있다.

이병연(1671~1751)의 발문

畜水爲池 累石爲島 皆人功也……
물길을 따라 연못을 만들고 돌을 쌓아 섬을 만들었는데 모두 사람의 공덕이구나.

겸재 정선의 <쌍도정도>를 보면 연못은 방지(方池)로 네모나며 연못 속에 2개의 네모난 방도(方島)가 있다. 두 섬 중 한 섬에는 초당(草堂)을 짓고 한 섬에는 소나무를 심었으며 두 섬 사이와 연못 밖까지 다리로 연결하고 있다. 연못 속에는 괴석으로 석가산을 만들어 놓고 연못 주변에는 소나무, 버드나무, 느티나무와 단풍나무를 심었다.

또 자연석으로 호안을 쌓았다. <쌍도정도>는 조선시대의 연못 경관을 잘 나타내고 있으나 전형적인 조선시대 연못 양식인 방지원도(方池圓島)가 아니라 방지쌍방도(方池雙方島)68)에 석가산을 조영하고 방지에 봉래, 방장, 영주의 삼신산을 만들었다는 특징을 지닌다.

이것으로 쌍도정 연못은 관아의 연못으로 정선시대 이전에 만들어져서 50년 전까지도 남아있었으며, 조선시대 도교 신선사상의 영향을 받아 삼신산이 조성된 연못이었던 것을 알 수 있다.

광한루

전라북도 남원시 천거동 일대에 있는 '광한루원(廣寒樓苑)69)'은 조선시대 남원부(南原府)에 속한 정원이다. 광한루는 조선 세종(世宗) 때 황희(黃喜)가 남원에 유배되었을 때 누각을 짓고 '광통루(廣通樓)'라고 하였다. 그 후 1432년 세종 6년에 중수(重修)하고 1444년 세조(世祖) 때 영상 정인지가 호남(湖南)의 승경69)으로 달나라에 있는 궁전 청허부(淸虛府)처럼 아름답다고 하여 광한루로 이름을 고쳤다. 그러나 이때의 건물은 1597년 정유재란 때 왜적에 의해 소실되었고 현재의 건물은 1638년 당시 남원부사인 신감(申鑑)이 복원하여 오늘에 이르고 있다.

지방 관청의 정원71)은 보통 객사, 동헌의 주변이나 문루를 중심으로 조성되는 것이 일반적인데72), 광한루원은 남문 밖에 독립적으로 누각을 세우고 원림을 만든 점이 특징이다. 1872년 지도에서 보면 광한루원과 요천 사이에는 시장이 들어서기도 하였는데 이와 같은 공공적인 주변 환경은 다른 민가의 정원과 구분되는 특징이다.

1699년에 간행된 『용성지(龍城志)』 누정(樓亭)조를 보면 당시 광한루는 15칸 정도에 여러 부속 건물을 짓고, 오작교(烏鵲橋), 지기석(支機石), 봉래도(蓬萊島), 방장도(方丈島), 영주도(瀛洲島)를 갖추고 있으며, '상한사(上漢槎)'라는 작은 배도 띄우고 있었던 것으로 기록되어 있다. [73] 당시 조영을 주도하였던 신감의 형 신흠(申欽)이 광한루가 재건된 해인 1626년에 쓴 「광한루기(廣寒樓記)」에는 다음과 같이 광한루를 몽환적으로 묘사하고 있다.

호수 밖에는 넓은 평야, 긴 모래밭, 낭떠러지, 기이한 바위 그리고 도서(島嶼)·화죽(花竹)이 있어 흡사 청성산(靑城山)의 동천(洞天) 속과 같다. 숨겨진 그 고장을 처음 개척했을 때는 아름다운 구슬, 수정 같은 돌이 여기저기서 터져 나오고, 붉은 물 붉은 언덕이 황홀하여 끝이 없었으리라. 호수 위에는 공중에 걸치어 있는 다리 넷이 있는데, 흡사 무녀(婺女)별이 은하를 건너가게 하기 위하여 신선들이 모여 일하여 그 다리가 놓여지자 하늘이 평지로 변해 버린 것과도 같은 것이다. 이름을 오작교(烏鵲橋)라고 한 것은 그와 비슷하다는 것을 말한 것이다. 그리고 그 여러 승경을 총망라하여 그 어름에다 누대를 세웠는데, 무지개 같은 대들보에 단청한 두공과 진주 발에 구슬 창문은 마치 오성십이루(五城十二樓 : 곤륜산 위에 있는 신선이 산다는 곳)를 붉은 구름이 가리고 있어 비록 진짜 신선이라도 찾을 수가 없는 것과 같은 것이다. 이름을 광한(廣寒)으로 한 것도 아마 그런 뜻이었으리라. 그런데 광한이라는 그 뜻을 알기가 어려운 것이다. 항아(嫦娥)가 달로 도망가서 거기에서 살고 있다지만 일백 발의 계수나무, 삼천의 도끼, 절구공이 지키는 토끼 등은 있는 것인지 없는 것인지 호호망망한데, 그것을 취하여 이 누대 이름을 지었다는 것이 과연 그런 것인가, 그렇지 않은 것인가?[74]

이때의 모습을 고증해서 훗날 크고 작은 보수가 이루어졌다.

광한루는 2,000여 평에 이르는 거대한 연못의 북쪽 가운데에 남향하여 자리하고 있다.

광한루의 전후면에는 호남제일루(湖南第一樓), 계관(桂觀), 광한루(廣寒樓)의 현판이 걸려있다. 광한(廣寒)과 청허부(淸虛府)는 전설에 하늘나라 옥경(玉京)에 들어서면 걸려 있다는 광한 청허부의 현판을 상징하고 있으며 계관은 달나라의 계수나무를 상징한다.

이 광한루 앞 연못에는 네 개의 섬이 있는데 연못 속에 설치된 다리 오른쪽의 세 섬은 동해에 신선(神仙)이 살고 그곳에 불로초(不老草)[75]가 있다고 하는 봉래, 영주, 방장으로 볼 수 있다. 이 세 섬은 불로장생(不老長生)[76]을 희구(希求)하는 신선사상을 나타낸다. 두 섬에는 영주각(瀛洲閣)과 방장정(方丈亭)이 있다. 그 명칭으로 보아서이 두 건물도 신선사상을 나타낸다.

영주각은 1582년 선조 15년에 건립되었으며 「용성지(龍城誌)」의 누정(樓亭) 편에 보면 "감사 정철(鄭澈)이 요천(蓼川)에서 끌어온 물이 누(樓) 앞에서 좁다랗게 흐르고 있던 개울을 크게 넓혀서 평호(平湖)로 하고 은하수를 상징하게 했으며 주위를 석축으로 하고호(湖) 속에 세 개의 섬을 만들어 하나의 섬에는 녹죽을 심고 또 하나의 섬에는 백일홍을 심었으며 다른 하나의 섬에는 연정(蓮亭)을 세웠고 호 속에는 연꽃을 가득 심었다."고 기록되어 있다.

방장정은 원래 있었던 것은 아니고 1963년 정화(淨化) 계획에 의

해 세워졌다. 중국 원나라 때 북경의 금원(禁苑)에 있는 태액지원(太液池苑)의 만수산(萬壽山) 정원을 보면 "태액지원은 금나라 때 창설한 것인데 원나라 때에 이르러 북해에 있는 경화도 중앙의 만수산 위에 7칸의 광한전을 세웠고 동쪽의 산허리에는 방호정(方壺亭)을, 서쪽에는 영주정을 세웠다."는 기록에 의해 세워진 듯하다.

이 세 섬은 다리로 연결되어 통하게 되어있다. 칠월칠석에 견우직녀를 만나게 해준다는 오작교도 있다. 오작교의 서쪽에는 기록에 없는 원형의 섬이 하나 더 있다. 연못은 요천을 수원으로 하고 있으며 동쪽에서 들어와 서쪽으로 흘러가는데 이런 모습이 『해동지도(海東地圖)』에 묘사되어 있다.

1990년대 보수공사 보고서에 의하면 현재의 입수구와 출수구는 근

전북 남원 광한루와 연못

래에 새롭게 정비한 것으로 보인다. 그 밖에 광한루 앞에는 남원의 전설이 깃든 자라돌이 섬을 바라보며 있고, 남동쪽에는 1950년대 말 동문 앞에서 옮겨온 널벙바위가 놓여 있다.

광한루 연못 아래쪽에는 1967년 주변 연지를 확장하여 인공의 방형 연못을 만들었고 1971년 완월정(玩月亭)을 신축하였다.

광한루원은 지방관아에 속한 정원으로 대규모의 연못과 동시에 오작교와 봉래도, 방장도, 영주도를 갖추고 있어 조선 중기 정원에 끼친 신선사상의 영향을 잘 보여 주는 사례이다. 그러나 이보다 주목할 만한 것은 개인 정원과는 달리 남원 읍성의 남문 밖 요천 주변에 조성되어 일반인들도 쉽게 접근할 수 있다는 사실이다. 부사의 아들 이몽룡과 퇴기의 딸 성춘향이 신분 차이를 넘어 자연스럽게 만나는 공간으로 오작교가 등장하게 되는 것은 당시 광한루원이 갖던 공공적 성격 때문일 것이다. 사회적, 도시적 측면에서 정원의 기능과 역할을 무엇이었는지 광한루원을 통해 재조명해 볼 필요가 있다.

음양오행과 방지원도, 방지방도

부용지

부용지는 창덕궁 후원에 조성되어 있는 여러 연못 가운데 하나이다. 부용지는 3면이 구릉으로 둘러싸여 있는 한가운데에 위치해 있고 남쪽으로 부용지에 걸쳐 부용정이 있다.

부용정(芙蓉亭)은 숙종 33년(1707)에 본래 택수재(澤水齋)로 지은 것을 정조 16년(1792)에 고치면서 부용정이라고 하였다. 정면 3

칸, 측면 4칸으로 아(亞)자형 평면을 기본으로 하였는데 남쪽에 자리 잡은 동산 쪽으로 평면의 일부를 돌출시켜 아자 평면을 변형시켰다.

『궁궐지』의 기록을 살펴보면, "영화당 서쪽에 연지가 있고 그 가운데 섬이 있는데, 옛날에는 청서정(淸署亭)이 있었다. 현종 때 지은 것이나 무너져 없애버렸다. 임신(壬申)년에 작은 섬을 다시 쌓았다." 라는 기록이 나온다. 그러나 현재는 섬에 소나무 등 나무만 심어져 있으며, 정자는 보이지 않는다. 1824~1827년에 그려진 <동궐도>를 보면 현재의 모습과 거의 유사하다는 것을 알 수 있다.

그러나 1776년 전후에 그려진 <규장각도>를 살펴보면 지금 모습과 현저히 다른 것을 알 수 있다. 특히 부용정과 가운데 섬 사이에는 소나무 다리가 놓여 있으며, 섬 가운데는 절병통이 놓여 있는 건물이 하나 들어서 있음을 알 수 있다. 이 건물이 소나무인지 정자인지는 확실히 판별할 수 없으나, 다리가 놓여 있고, 절병통이 얹혀 있다는 점으로 미루어 보아 청서정(淸署亭)을 그린 그림일 수도 있다.

부용지는 34.5m×29.4m의 직사각형 연못으로 수원(水源)은 지하에서 솟아오르며 비가 올 때는 서쪽 계곡의 물이 용두(龍頭)의 입을 통하여 입수(入水)하게 되어 있다. 출수(出水)는 동쪽 영화당(暎花堂) 쪽으로 나가게 되어 있다.

부용지는 장대석으로 바른층쌓기를 하였으며 둥근 섬인 원도는 다듬돌 위에 자연석을 올려놓았다. 입수는 주로 용출수가 이용되고 서쪽에는 계곡의 표면수가 입수할 수 있도록 용두 장식의 출수구가 있다. 부용지의 동남쪽 모퉁이에 연못 호안을 쌓아 올린 장대석이 지면 위에 하나 더 놓여 있으며, 그 장대석에는 물고기가 하나 새겨져 있다. 이 물고기는 용이 되어 날아간다는 의미가 있는데, 과거 춘당대에서 과거의 마지막 시험을 치르던 선비가 합격하여 관리가 된다는 뜻도 포함되어 있는 듯하다. 또 동안(東岸)에는 낮은 석등이 2개 놓여 있고, 영화당 앞에는 해시계와 석조 받침대가 있다. 부용지 주변은 주로 18세기 영·정조 시대에 조성된 지역으로 후원 내에서 가장 인공적인 구조물을 설치하여 자연과 절묘하게 조화시킨 조원 공간으로 평가된다.

못 가운데에는 직경 9m 원형의 섬이 조성되어 있다. 연못이 네모나고 섬이 둥근 것은 '천원지방(天圓地方:하늘은 둥글고 땅은 네모났다)'이라고 하

1 창덕궁 부용정지 입수구   2 창덕궁 부용정지

는 음양오행사상(陰陽五行思想)⁷⁷⁾에서 비롯된다.

부용지의 중심에는 부용정이 있고, 서쪽으로 사정기비각(四井記碑閣)이 있다. 사정기비각은 세종 때 조성한 우물지 4개를 기록한 비각이다.

『궁궐지』에 보면, 세종대에 종심에게 명하여 터를 잡아 우물을 파게 했는데 그 뒤에 여러 차례 방화를 겪어 두 우물만 남았다. 숙종 16년(1690) 그 고적을 애석히 여겨 우물 둘만이라도 보수하라 명하고 이어 그 곁에 비를 세웠다. 숙종이 지은 사정기(四井記)에 이르기를 "우리 세종대왕께서는 네 우물은 마니(摩尼), 파려(玻瓈), 유리(琉璃), 옥정(玉井)이라 하고…"라는 기록이 있다. 현재, 두 우물 중 한 곳이 발굴되어 복원될 예정이다.

부용정 북쪽으로 가파른 지형에 따라 여러 단(段)의 화계(花階)를 두고 아래쪽의 어수문(魚水門)을 통하여 계단을 오르게 되어 있다. 또 중심부에 주합루(宙合樓)를 배치하였다. 서쪽에 서향각(書香閣)을 두었으며 누각의 뒤쪽으로 희우정(喜雨亭)과 제월광풍관(霽月光風觀)을 좌우에 배치하였다. 방지의 동쪽으로는 영화당(暎花堂)이 있으며 그 주위와 동쪽에 탁 트인 광장이 조성되어 있다.

주합루(宙合樓)는 부용정 북쪽 맞은편 부용지의 북쪽 높은 언덕 위에 이층 다락집으로 우뚝 서 있다. 이 주합루를 처음 세운 것은 정조(正祖) 원년인 1777년으로 아래층에는 왕실의 도서를 보관하는 규장각이 있고 그 위층은 열람실로서 사방의 빼어난 경관을 조망할 수 있는 누대(樓臺)가 있다.

규장각은 왕실도서관으로서 후학을 양성하고 학문을 연구하는 정조의 정치적 의도가 담긴 곳이다. 그러나 일제강점기 때 규장각의 모든 책들이 경성제국대학으로 옮겨지고 규장각은 본래의 의미가 퇴색된 채 연회의 장소로 사용되었다.

주합루 앞의 어수문(魚水門)은 '물고기가 물을 떠나서 살 수 없다.'라는 격언과 같이 통치자는 항상 백성을 생각하라는 교훈이 담겨 있으며, 또한 왕과 신하가 물과 물고기처럼 한데 어우러져야 한다는 뜻 또한 담겨 있다. 어수문 좌우에는 작은 문이 하나씩 있는데, 어수문은 왕이 다니던 문이며, 작은 문은 신하가 다니던 문이었다. <동궐도>를 보면 어수문 좌우로 대나무로 되어 있는 담이 있는데, 이를 취병(翠屛)이라고 한다. 훼손되어 없어진 것을 근래 들어 대나무 틀을 짜고 시누대(山竹)를 심어서 재현한 것이다.

다음으로, 『궁궐지』에 나오는 영화당에 대한 기록은 다음과 같다.

어느 해에 창건했는지는 알 수 없으나 해가 오래되매 기울어져 숙종 18년(1692) 임신(壬申)에 옛 터에다 고쳐지었다.

이 기록으로 보아 1692년에 중수했다는 것을 알 수 있다. 또한 『순조실록』에 보면 왕세자가 대리청정을 하면서 이곳 영화당 앞뜰인 춘당대에서 어시를 보인 기록이 있으며, 『궁궐지』에는 "내원에서 꽃을 구경하는 일은 해마다 과업처럼 되어 있으나 금년의 모임은 연신들과 특히 많았는데…춘당대에서 활을 쏘고 부용정의 앞 못과 주위의 못에서 낚시를 하였는데…"라는 기록이 있다. 영화당 동측의 넓은 마당이 예전에 춘당대였음을 알 수 있다.

희우정(喜雨亭)은 규장각의 서측 끝에 있는 작은 기와집이다. 희우정이라는 이름에 관련된 사연이 아주 재미있는데, 『궁궐지』를 보면 "옛 이름은 취향정(醉香亭)인데 인조 23년(1645)에 지은 초당이다. 『국조보감』에 숙종 16년 경오(庚午)에 날씨가 가물어 이곳에서 기우제를 올렸는데, 비가 내리자 취향정을 희우정이라고 고치고 기와로 덮었다."고 되어 있다. 원래 초가였던 집을 비가 내림으로 인해 숙종이 기뻐하여 기와로 고치고 직접 편액을 내렸다고 한다.

규장각 서편에는 서향각(書香閣)이 남북으로 길게 서 있는데, 본래임금의 영정, 곧 어진(御眞)을 모시던 진전(眞殿)이었으나, 정조 1년(1777)에 왕후가 이곳에서 누에를 쳐서 아녀자들의 모범이 되었기때문에 '친잠권민(親蠶勸民)'이라고 쓴 편액이 걸려 있다.

하엽정지

하엽정(荷葉亭)은 중요민속자료 제104호로 지정된 삼가헌(三可軒)에 딸린 정자로 주거의 한 영역을 개인 정원으로 만든 사례이다. 삼가헌이 위치한 묘동(妙洞)마을은 사육신(死六臣) 중 한 사람인 박팽년(朴彭年)의 후손이 낙남(落南)한 것이 계기가 되어 순천 박씨(順天朴氏)의 집성촌이 되었으며, 삼가헌은 묘동마을의 서쪽 산 너머에 마을과는 거리를 두고 위치하고 있다.

박팽년가의 문집인 「파산서당기(巴山書堂記)」에는 박팽년의

11대손 박성수(朴聖洙)가 묘동마을에서 분가하여 초가를 세우고 자신의 호를 따서 '삼가헌'이라고 한 것이 1769년이라고 한다. 40년 후 초가 서쪽에 연못을 파고 정원을 조성한 후 서당을 건립하였는데, 이것이 파산서당(巴山書堂)이다. 1826년에는 초가였던 사랑채를 현재의 모습과 같이 와가(瓦家)로 건립하고, 1869년에는 안채도 중건하여 현재에 이르고 있다.

1874년에는 박성수의 증손 박규현이 파산서당 건물을 개축하여 정자로 바꾸었으며, 자신의 호를 따서 '하엽정(荷葉亭)'이라고 하였다.[78] 대문채와 사랑채, 안채가 모두 남동 방향으로 전후 3중으로 배열되어 있고 사랑채의 동단(東端)에는 중문채가 一자로 뻗어나가 있다. 또 안채의 서쪽마당 끝에는 칸막이 없는 3칸통 곳간채가 동향으로 안마당을 향해 있다.

대문채를 지나면 남동향을 한 본채가 있으며, 본채는 ㄷ자형의 안채와 ㄱ자형의 사랑채, 一자형의 중문채가 튼ㅁ자형을 이루고 있다. 하엽정은 본채의 서쪽에 별도의 토석 담장을 둘러친 후 독립된 영역을 이루고 있는데, 정자 앞에는 방형의 연못을 파고, 가운데에 원형의 섬을 두었다. 방지원도인 이 영역은 사랑채 쪽과 서쪽의 송림 방향에서 일각문을 통하여 출입할 수 있다.

안채와 사랑채의 배치관계는 대략 튼ㅁ자형이다. 별당채는 이들의 서편에 별곽(別廓)으로 담장을 돌려 전후로 연못과 후원을 두어 깊숙이 자리 잡고 있다. 사랑채인 삼가헌(三可軒)의 대청 벽에는 '三可軒' 편액이 걸려 있다. 이 앞에 장독대와 우물이 있고 뒤에는 곳간채가 있다. 사랑대청 안쪽 끝기둥에 의지해서는 뜰에 판장으로 된 협문(夾門)을 두어 부엌 앞마당과의 경계를 짓고 있다.

사랑대청 옆으로 긴 토담에 일각문을 내었는데 이것은 별당 출입문이다. 하엽정(荷葉亭)은 ㄱ자집이고 길이가 4칸이며, 왼편 끝방 앞에 1칸의 누마루를 꾸몄다. 온돌방 3칸, 마루는 가운데 1칸, 마루와 그 옆방 뒤편은 모두 툇마루이다. 하엽정은 그 앞에 꽤 큰 연못을 두었고 넓은 후원에는 죽림(竹林)을 두었다.

길이 21m, 너비 15m의 연못은 평행사변형의 형태를 약하게 갖고 있으며, 하엽정과의 사이에 1단의 석축을 두었다. 연못의 호안과 가

경북 달성 하엽정의 연못

운데의 원형 중도는 막돌쌓기로 축대를 쌓았으며, 3개의 입수구와 1개의 출수구를 두었다. 연못의 북동쪽 모서리의 일각문 앞에는 5~6개의 괴석을 일렬로 배치하였다. 원형의 중도(中島)에는 연꽃을 심었는데, 원래 백일홍 한 그루가 있었다고 한다. 못 둑에는 매화나무, 배나무 등이 배치되었으며 남쪽 담장 너머에는 현 집주인의 고조(高祖)가 심었다고 전하는 높이 20m의 도토리나무가 한 그루 남아있다. 서쪽 담장 너머 가까운 산에는 송림이 무성하다.

「파산서당기(巴山書堂記)」에는 하엽정의 입지, 건립하게 된 배경, 연못 등 조경, 건축 조영, 건물 명칭에 대한 건립 과정이 기록되어 있다.

서당이 파회촌(坡回村)의 서쪽에 있으니 옛날의 하빈현(河濱縣)이요 지금은 달성의 하서(河西)다. 팔공산이 달성의 명산으로 북쪽 아득히 바라보는 곳에 솟아있어 봉역(封域)의 진산이 되고 서는 기(箕)의 가산(架山)이며 또 서에서 북으로는 인동(仁同)의 유학산(遊鶴山)이 되고 인동에서 남으로 뻗어 소학(巢鶴)과 거무(巨巫)가 되니 거무의 남쪽은 곧 기와 달의 교차된 곳이 묘동인데 동네가 팔공산에서 볼 때 회룡고미형(回龍顧尾形)이라고 풍수들은 말한다. 파회는 묘동의 서쪽 작은 골짜기로서 아늑하고 깊으며 평탄하여 좌우의 봉만이 모두 명랑하고 수려하게 동네를 둘러싸고 주산의 여맥이 다시 서남으로 뻗어서 9개 봉우리가 되어 그 밖을 막고 9개 봉우리의 한 가지가 또 약간 동으로 뻗어 다시 북으로 달려서 동네를 두르니 곧 동네의 안산이다. 그 밖은 큰 강이 둘러있어 편편한 들판이 펼쳐 있으니 강물이 범람하면 호호망망(浩浩茫茫)하여 끝이 없으나 실상은 산에 의지하고 강을 등져서 강호의 운치가 더욱 많다 할 것이다. 동네에 예부터 육신사가 있고 사당 아래 대울타리와 초가집이 골짜기를 지고 쓸쓸한 민가가 두 세집 있는 것이 소소동(小竗洞)이라고 부르고 혹은 원저출(院底村)이라고도 한다. 지난 정조 기묘(1783)에 선왕께서 조부님을 분가시킬 때 집을 매입하여 새로 수리하여 초가를 짓고 삼가헌이라 이름하고 기문과 신거팔영(新居八詠)이 있고 파회동이라 이름하니 대개 산모양이 파자(巴字)처럼 돌아감을 말한 것이다. 혹은 자음을 취해 파자로 쓰기도 한다. 마루 앞에 방당(方塘)을 파고 연을 심으며 松·竹·槐·柳·栗·橡·梓·漆 등 잡목을 심으니 모두 조상께서 직접심어 기른 바이다……5가4간으로 중앙이 마루이고 동서구석이 방인데 앞에 퇴를 빼서 곡란을 만들었는데 동합은 이연현(怡燕幹)이니 이신연거(怡神燕居)한다는 뜻으로 면경(晩景)을 취합하여 병을 조리하며 여성을 보내려 함이오, 서협은 몽양재(蒙養齋)니 동몽(童蒙)을 바르게 기른다는 뜻인데 후손들을 올바르게 가르쳐서 가충을 이어가려는 염원에서 나온 바이다. 이연헌(怡燕軒) 앞에 연못에서 풍기는 연꽃 향기를 끌어온다는 뜻으로 인향(引香)이라 현판하고 몽양재(蒙養齋) 앞에 우거진 수목의 푸른빛을 움켜잡는 뜻으로 읍취(挹翠)라 이름하니 조상의 유촉(遺躅)에 감회와 공경하는 마음을 표시하는 뜻이다. 중당에 파서서옥이라 편액하니 전체를 총칭함이다. 갑술남지일(甲戌南至日)에 규현(奎鉉)은 씀.

〈원 문〉

書堂在坡回村之西, 即古之河濱縣, 而今爲達之河西也. 八公之山爲達之望, 而在治北莽蒼之地, 以鎭據封域, 西爲箕之架山, 又西而北爲仁之遊鶴, 自仁而南, 復延箕鶴巢, 鶴巢而迤爲巨巫, 巫而南, 即箕達之交, 而爲竗洞, 洞於八公爲回龍顧尾, 是風水家說也. 坡回即竗之西小峽, 窈而深, 平而奧, 左右峰巒, 皆明朗

秀麗, 以環抱之, 主山之餘, 復西南迤爲九峰, 以禦其外, 九峰一枝, 又小東而更
爲北注, 以回抱洞府, 實村之案山也. 其外, 則繞以大江, 平蕪茫茫, 江流失勢,
則浩渺無涯, 大較村之居, 實依山背江, 而江湖之意居多也. 洞舊有六臣祠, 祠
下茅竹間, 負峽蕭然, 只是編氓數三家, 而呼爲小竗洞, 或謂院底村矣. 往在正
廟癸卯, 曾王考爲祖考析居, 始傚其屋, 而新之茅以蓋之, 扁其堂曰三可軒, 有
軒記及新居八詠, 而洞亦命以巴回, 蓋取山形如巴字回也. 或取音而用坡字. 堂
基之前, 方塘植以芙蕖, 圍以松竹槐柳栗橡梓漆, 以雜之, 皆王考手植, 而所長
養也……凡五架四間, 中兩堂爲堂, 東西峽爲房室, 室之前面, 退一架弱邊, 設曲
欄, 東峽曰怡燕居, 以爲怡神燕居之室, 庶幾收拾桑楡, 餘日調病之意也. 西峽曰
蒙養齋, 以爲蒙士養正之所, 其亦眷然來後, 無墜世守之有望也. 怡燕之前, 取塘
蓮引香, 楣曰迎香, 蒙養之前, 取山木叢翠, 扁曰挹翠, 所以興感敬止之意也. 中
堂, 則揭以坡西書屋, 所以統之也……甲戌南至日 朴奎鉉 記.

하엽정은 주거 별당 형식의 정원으로 서당이 정자로 바뀌어 조성
된 점이 특징이다. 주변의 산세가 낮고 좁으며, 마을과는 거리가 있
어 한가로운 모습을 보이고 있는 19세기의 대표적 정원이라고 할 수
있다.

무기연당

경남 함안 무기마을의 안쪽 중앙에 있는 무기연당은 '이인좌의
난' 때 의병을 일으킨 국담(菊潭) 주재성(周宰成)이 18세기 초 별
당에 만든 정원이다. 무기연당의 '무기(舞沂)'는 논어 선진(先進)
편에서 공자가 제자들에게 장래 희망을 묻자, 모두 벼슬길에 나갈 포

〈하한정도〉

부를 밝혔지만 증점(曾點)만은 '기수(沂水)에서 목욕하고 기우제 드리는 곳에서 바람을 쐬고 노래나 읊으며 돌아오겠습니다.'에서 따온 것이다. 「하환정중수기(何換亭重修記)」에는 무기연정은 이인좌의 난이 진압되고 관군들이 복귀하는 도중 국담의 공덕을 칭송하기 위해 지었다고 한다. 관군들은 국담의 덕을 칭송하기 위해 주씨 향리에 모여 동네 입구에 창의사적비(倡義事蹟碑)를 세우고, 서당 앞 넓은 마당에 연못을 파고 섬을 만들어 그 주위에는 담장을 쌓고 일각문을 내었다. 또한 연못은 국담(菊潭), 석가산을 쌓은 섬은 양심대(養心臺), 일각문은 영귀문(詠歸門)이라고 했는데 이 모두가 고마움에 보답하려는 병사들의 정성이었다고 전해진다.

주재성의 장자 주도복(周道復)이 1777년에 쓴 「하환정중수기(何換亭重修記)」에는 "정유년(1717년) 봄에 군사를 모아 단(壇) 밑에 못을 파고 물고기를 길러 낚시터로 하였으며, 무신년(1728년) 군사를 이끌고 돌아오고서는 단 위에 정자를 짓고 '하환'이라고 하였다."라고 쓰여 있다. 별당에 있는 국담 연못의 북쪽에는 하환정이 남향하고 있다. 하환정의 '하환(何換)'이라는 명칭은 무기연당을 삼공(三公)과도 바꾸지 않겠다는 뜻에서 취한 것이고, 풍욕루의 '풍욕(風浴)'과 영귀문의 '영귀(詠歸)'는 무기연당의 '무기(舞沂)'와 같이 증점의 고사에서 따온 것 같다. <하환정도(何換亭圖)>는 네모난 연못에 네모난 섬 형태의 무기연당을 중심으로 그렸다. 연못은 호안에 단을 둔 것이 특징이다. 양심대는 2단이며 석가산을 쌓고 괴석을 배열하였는데, 그중에는 '백세청풍(百世淸風)'과 '양심대(養心臺)'라고 새긴 괴석도 있다. 연못의 북서쪽과 동쪽 와송(臥松) 곁에 연못으로 내려가는 돌계단이 있는데, 하환정도에서는 동쪽의 계단을 탁영석(濯纓石)이라고 하였고, 또 풍욕루 남

경남 함안에 있는 무기연당. 연못 가운데 섬이 석가산이다.

쪽 담장 아래에 세워놓은 괴석은 귀두석(龜頭石)이라고 하였다. 연못 가운데 봉래산을 연상시키는 석가산은 특이한 형태를 갖고 있다. 현재의 모습이 <하환정도>와 크게 다르지 않다.

유교의 영향과 정형지

서석지

서석지는 조선 중기 석문(石門) 정영방(鄭榮邦, 1577~1650)의 별서(別墅)로서 벼슬을 마다하고 이곳에서 은둔 생활을 하면서 조성한 정원에 부속된 지당(池塘)이다. 석문 임천정원은 전남 보길도 부용동, 담양 소쇄원과 더불어 우리나라의 3대 별서정원 중 하나이다. 이 별서(別墅)는 배산인 자양산(紫陽山) 남록(南麓) 완만한 기슭에 자리 잡았으며 연못을 중심으로 경정(敬亭), 주일재(主一齋), 서하헌(棲霞軒), 수직사(守直舍) 및 남문과 담장이 에워싸고 있는 작은 향원(鄕園)이지만 주위의 산천이 석문 임천정원에 포함되어 현재까지도 확장되고 있다. 서석지가 있는 연당마을은 동래 정씨의 집성촌으로 현재에도 정영방의 후손들이 살고 있으며, 정영방을 입향조로 하고 있다.

서석지가 위치하고 있는 연당마을은 해발 1,219m의 일월산에서 동남으로 뻗어 내린 대박산(766m) 줄기인 자양산(430m) 산록에 전개된 분지인데 영등산(570m)과 봉수산(427m)이 나월엄(蘿月崦)으로 이어져 서남쪽에서 연당리를 감싸고 있다. 연당리 앞에는 서북쪽에서 동쪽으로 흐르는 청기천이 마을 입구 쪽에서 자양산 너머에서 흘러온 가지천과 영양천(일명 반월천)과 합류하여 흐르고 있으며 이 하천들이 합수(合水)하는 왼쪽 강변에는 17m의 촛대 모양의 바위[立岩]가 솟아 있고 그 맞은편 강가에는 10여 m 높이의 암벽이 이어져 있는데 이것을 내자금병(內紫錦屛)이라고 하며 이 쌍벽을 임천정원의 관문인 석문(石門)이라고 한다. 이를 지나서 청기천을 따라 서북쪽으로 0.9km 정도를 진입하면 완만한 경사지(해발 190m)에 아늑한 전원 공간인 연당마을이 있고 마을의 서북쪽에 서석지가 자리하고 있다. 79)

정영방의 호는 석문(石門), 본관은 동래(東萊)이며, 우복(愚伏) 정경세(鄭經世)에게 수학(修學)하여 성리를 탐구하고 시를 잘 지었는데 당체(唐體)를 얻었으며 우복의 칭상(稱賞)을 들었다고 한다. 80) 선조(宣祖) 38년(1605), 28세에 진사시에 합격했으나 광해군이 즉위 후 실정을 거듭하므로 벼슬을 단념하고 낙남(落南), 이곳(당시 진보현 생부동)에서 학문 연구로 일생을 마쳤다. 정영방이 원래 살던 곳은 송천(현재 안동시 송천동)인데, 산천이 수려한 곳을 찾던 중 1600년경 서석지가 있는 이곳에 평생의 거처를 정하게 된다. 1610년에는 초당을 짓고 살기 시작하였다. 오랜 기간 이곳에 머물며 조원계획을 세운 후 1620년부터 본격적인 조원공사를 시작해 1636년 마무리하였는데, 주일재, 서석지, 경정이 순차적으로 완공되었다.81) 이후 1646년부터 1648년까지 증개축이 이루어지고, 1760년에는 지당을 보수하였음을 정영방의 증손 정도건이 지은 「서석지부(瑞石池賦)」의 기록을 통해 알 수 있다. 82)

정영방(鄭榮邦)은 「경정잡영·서석지(敬亭雜詠·瑞石池)」에서 서석지의 돌들에 대해 다음과 같이 이야기하고 있다.

　서석지(瑞石池)의 돌은 속에는 무늬가 있고 밖은 흰데, 인적이 드문 곳에 감춰져 있다. 마치 정숙하고 고결한 여인이 정조와 깨끗함을 간직하여 스스로 보전하는 것 같다. 또는 마치 세상을 피한 군자가 덕의를 온축하면서 나오지 않고 마음에 보존하는 것이 알맞아 소중히 여길 만한 실제가 있는 것과 같으니, 상서롭다고 말할 수 없겠는가? 혹 그것이 진짜 옥이 아니라고 의심하는 자가 있다면 이는 결코 그렇지 않다. 만약 열매가 옥이라 한다면 나는 그것을 얻어서 가지고 있을 수 있으니, 소유해서 기이한 화라고 할 수 없겠는가? 심지어 옥과 비슷하지만 옥은 아닌 것과 같아서 그저 아름다운 이름만 훔친 것이지 쓰임에는 적당하지 않다. 반대로 졸렬하지 않는 것이 그 순수한 우직함을 지켜 세상을 속이고 이름을 훔치는 폐해가 없다면 또한 어찌 상서로울 수 있겠는가? 하늘은 백옥의 계단을 낳고 땅은 청동의 거울을 바쳤고, 흐르지 않는 물은 담담하게 일렁이지 않아 바야흐로 적막한 감정을 지니고 있다.

〈원 문〉

瑞石池, 石內文而外素, 藏於人迹罕到之處. 如淑人靜女, 操貞潔而自保. 又如遁世君子, 蘊德義而不出, 其中所存, 的然有可貴之實, 可不謂之瑞乎? 或有嫌其非眞玉者, 此則大不然. 若果玉也, 則吾其可得而有諸, 有之而能不謂奇禍者乎? 至如似玉而非玉者, 徒竊美名而不適於用. 反不拙者之守其純愚而無欺世盜名之害也, 又安足爲瑞乎? 天生白玉墀, 地獻靑銅鑑, 止水澹無波, 方能該寂感.

　연못을 중심으로 경정(敬亭), 주일재(主一齋)가 각각 남동향, 남서향을 하고 있다. 경정 뒤에는 '자양재(紫陽齋)'라는 편액이 걸려 있는 수직사와 부속 건물이 있는 영역이 있고, 주위는 담장이 에워싸고 남쪽에는 사주문이 있다. 주일재는 맞배지붕의 3×1칸의 규모로 온돌 2칸, 마루 1칸으로 이루어져 있다. 마루에는 '서하헌(棲霞軒)'이라는 편액이 걸려 있다. 주일재와 ㄱ자로 배치된 경정은 주일재보다 연못과 더 가깝게 배치되었는데, 전면 2칸의 마루를 중심으로 양쪽에 온돌을 둔 중당협실형의 一자형 팔작지붕 건물이다. 마루 전면에는 들어열개 창호가 설치되어 전면 툇마루와 함께 사용할 수 있도록 하였고, 전면에 헌함을 둘러 측면으로 출입할 수 있게 하였다. 경정 뒤 수직사 영역의 2동의 건물은 서석지의 기능을 보조하면서, 마을 뒷산의 정영방의 배위 전주 류씨 묘소를 수호하는 재실의 역할을 겸하기도 하였다고 한다.

연못은 11.0×13.5m로 동서가 약간 길다. 호안 축대는 막돌바른 층쌓기를 하였으며 주일재 앞에는 축대를 연못으로 돌출시켰는데, 松, 竹, 梅, 菊을 심어 사우단(四友壇)이라고 하였다. 사우단이 중심부에 돌출하였으므로 연못의 전체 모양은 ㄷ자형이 되었다. 못의 동북 모서리에 산에서 물을 끌어들이는 입수구인 읍청거(挹淸渠)를 내었고 그 대각선 쪽에는 물이 흘러나가는 출수구인 토예거(吐穢渠)를 마련하였다.

서석지의 입수시설인 읍청거(挹淸渠:맑은 물이 뜨는 도랑이라는 뜻)는 북안과 동안이 만나는 지점에 산돌로 폭 27~45cm, 깊이 40cm, 길이 6m로 쌓은 수로가 지당까지 연결되어 있다. 수로 끝이 지당 수면과 1m 정도 낙차가 있어 유입되던 물이 폭포가 되어 분수석에 와서 여러 갈래로 갈라져 지당 안으로 흩어져 들어가도록 설계되었다. 주일재 뒤 도랑에서 들어오던 물이 도로가 포장되면서 콘크리트 하수관이 매설되자 암거수로가 차단되어 물길이 끊어졌으며 비올 때나 떨어진 빗물이 모여서 입수구를 통하여 지당으로 흘러들지만 현재 서석지의 수원은 사우단 아래와 서석들 사이 3~4곳에서 솟아나는 지하수로 수량과 수위가 유지되고 있다. 출수구인 토예거(吐穢渠:더러움을 토하는 도랑이라는 뜻)는 이 서남지점에 있어 북동쪽의 입수구와는 대각선상에 위치하고 있으며 출수구는 산돌로 입구 높이가 36cm, 폭 27cm로 쌓아서 암거와 연결되어 있고 지당의 저수량이 불어 수위가 높아지면 자연히 암거를 통하여 출수하게 되어 있다. [84]

'서석지(瑞石池)'라는 이름은 연못 속의 자연 암반인 서석군(瑞石群)에서 유래했다. 서석군은 주로 동쪽에 집중적으로 많은데, 수면에 따라 그 기괴한 형상을 드러내거나 얕게 잠겨 있어 각기 그 특이한 형상에 따라 명명(命名)되어 희귀한 수석경(水石景)을 이루고 있다.[85] 「경정잡영 32절(敬亭雜詠三十二絶)」에는 돌이름이 19종에 이르는데 주로 신선사상과 관련된 명칭이 많다. 서편 경정 아래의 열석(列石)들이 옥성대(玉成臺), 그 북쪽의 삼석(三石)이 상경석(尙絅石), 그 동쪽 아래에 낙성석(落星石), 사우단(四友壇) 앞이 조천촉(調天燭)이다. 동편 수중에 집중되어 있는 서석들은 수륜석(垂綸石), 어상석(魚狀石), 관란석(觀瀾石), 화예석(花蘂石), 상운석(祥雲石), 봉운석(封雲石), 난가암(爛柯岩), 통진교(通眞橋), 분수석(分水石), 와룡암(臥龍岩), 탁영반(濯纓盤), 기평석(碁枰石), 선유석(僊遊石),

경북 영양 서석지

쇄설강(灑雪矼), 희접암(戱蝶岩) 등으로 불렸다. [86]

    서석지는 다른 정원과는 달리 연못 속 암반 위에 연못을 조성하고 기괴한 형상의 암반을 그대로 정원석으로 사용하는 절묘한 수법을 보이는 것이 특징이다. 이러한 서석지가 갖는 특징은 자연을 그대로 활용하는 한국 정원의 조원 기법을 단적으로 보여 주는 사례이다. 특히 「경정잡영 32절(敬亭雜詠三十二絶)」과 「임천잡영 16절(臨川雜詠十六絶)」 등의 기록에는 갈라진 돌 하나하나에 이름을 붙이고 주변 경관에 의미를 부여한 조원자의 세심함과 당시 은둔한 선비가 가진 사상을 엿볼 수 있어 서석지가 가진 학술적 가치는 매우 크다고 할 수 있다.

열화정

    보성 열화정은 강골마을의 정자로 중요민속자료 제162호로 지정되어 있다. '열화(悅話)'란 도연명의 「귀거래사」에서 나오는 말로 친척들 간의 우애와 화목을 강조하는 의미로 풀이되듯이 열화정은 강골마을의 상징물이자 씨족 결집을 위한 공간이다.

광주 이씨(廣州 李氏)는 조선 초 경기도에 근거지를 두고 있었다. 이세정(李世貞, 1461~1528)이 이 지역의 관찰사로 내려오면서 이 지역과 처음으로 인연을 맺은 것으로 보인다. 그의 5자 이수완(李秀莞, 1500~1572)은 전라도 여러 지방의 수령을 거치면서 보성에 근거지를 둔 전주 이씨 이언정(李彦廷)의 딸과 혼인하게 되고, 조성면 대곡리에 정착하면서 광주 이씨 호남 입향조가 되었다. 또 그의 3자 이유번(李惟蕃, 1545~?)이 지방의 유력가인 순흥 안씨에게 장가를 들어 강골마을 일대의 재산을 물려받으면서 강골마을 입향조가 된다. 그 재산은 현재의 이금재 가옥터라 전해진다. 그의 아들 중 3명이 관직에 진출하고 그 후에도 꾸준히 벼슬길에 오르면서 이 지역의 명문사족으로 발전하게 되었다.

열화정은 이러한 배경 속에서 입향한 지 약 3세기 후인 1845년에

전남 보성 열화정

이재 이진만(李鎭晩)이 후진양성을 위해 건립하였다고 전한다. 이곳에서는 이진만의 손자 이방회(李訪會)가 당대의 석학 이건창(李建昌, 1852~1898) 등과 학문을 논하였고, 한말의 의병 이관회, 이양래, 이웅래 등을 배출한 곳이기도 하다. 정자 건너편 안산에 만휴정(晩休亭)을 지어 쌍을 이루었다고 하지만 지금은 전해지지 않는다. 마을이나 문중의 공동 정자가 보통 마을의 전면이나 종가 근처에 입지하는 것이 상례이지만 강골마을은 어찌된 이유인지 모르나 동쪽 계곡의 깊숙한 곳에 은밀하게 자리하고 있는 것 같다.

정원은 열화정과 일각문, 연못으로 구성되어 단출하다. 담장은 연못의 동쪽 부분을 제외하고 언덕 경사를 따라 층단을 이루면서 둘러져 있다. 계곡에서 정원으로 오르는 계단을 오르면 '일섭문(日涉門)'이라는 현판이 걸린 일각문이 있다. '일섭' 역시 도연명의 「귀거래사(歸去來辭)」 중 '園日涉以成趣'라는 구절에서 따온 것이라고 한다.

일각문을 들어서면 정면에 ㄱ자형의 열화정이 보이고 우측에는 연못이 있는데 역시 ㄱ자형으로 되어 있다. 정자는 2단으로 처리된 높은 기단 위에 자리하고 있어 안대의 협소함을 상쇄시켜 준다. 정면 4칸, 측면 2칸의 열화정은 가운데 2칸에는 온돌방을 두고 남쪽에는 헛부엌을, 북쪽에는 2칸의 마루를 설치하였다. 공포를 두지 않아 간소하면서도 높은 기단 위에 활주로 받쳐진 누마루는 위엄을 갖추고 있다. 이 누마루에서는 인접한 연못으로 연출된 수경을 감상하고 안산과 외부 경치를 나무 사이로 감상할 수 있는데, 정자를 높은 기단 위에 세운 이유를 알 수 있다.

누마루와 접하여 ㄱ자형으로 된 약 12×11m 크기의 연못이 있는데 막돌허튼층쌓기를 하였다. 가운데 원도를 상징하는 시설물이 있지만 근래에 옮겨 놓은 것으로 보인다. 출수구는 돌로 도랑을 만들어 계곡으로 나오게 하였지만 입수구는 확실하지 않다. 근래에 시설된 파이프에서 물이 나오는 것으로 미루어 정원 뒤쪽의 우수가 유입된 것으로 추측할 뿐이다. 연못가에는 괴석, 석물이 놓여 있고, 정자의 뒤쪽에는 경사지를 이용한 2단의 화계가 있지만 현재 몇 그루의 나무만이 식재되어 있을 뿐이다.

열화정은 문, 담장, 누정, 연못, 괴석, 석물, 화계 등 전통조경구조물을 완벽하게 갖춘 조선시대 대표적인 정원유적이다.

열화정은 개인의 소유가 아닌 마을 공동 소유의 정자로 특이한 입지적 성격을 보여 준다. 일반적으로 마을의 정자가 탁 트인 조망을 갖게 되거나 접근이 용이한 곳에 위치하지만, 이곳은 마을의 가장 후미진 곳에 위치하고 있어 다른 용도로도 활용된 것이 아닌가 의아심을 갖게 한다. 열화정이 계곡 사이에 입지했기 때문에 조망에는 불리하나 반대로 내향적인 성격의 아늑함을 주는 장점이 있다. 이러한 입지적 제약을 높은 기단으로써 완화시키고자 했던 선인들의 안목을 음미해 볼 수 있는 사례이다.

자연주의와 비정형지

청암정
청암정은 사적 및 명승 제3호로 지정된 '내성 유곡 권충재 관계 유적' 중 충재(冲齋) 권발(權橃, 1478~1548) [87]의 종택에 딸린 정자이다. 전하는 바에 의하면, 청암정은 1526년에 축조되었다고 한다. 청암정은 바위 위에 정자를 축조하고 그 주위로 연못이 형성된 희귀한 조선 전기의 연못공간이다. 연못 주위는 토담으로 둘러싸여 있고 부속가옥이 있으며 정(亭) 내에 '청암수석(靑岩水石)'이라는 편액이 걸려 있다. 우리 민가 연못의 한 규범을 보여 주고 있는 것으로 자연주의 성격을 잘 드러낸다. 닭실마을은 안동 권씨의 집성촌으로 충재 선생이 안동 도촌에서 이곳으로 옮겨와 살게 된 것이 계기가 되었다. 닭실(酉谷)이란 지명은 마을 뒷산의 형국이 마치 닭이 알을 품고 있는 금계포란형(金鷄抱卵形)이기 때문이다. 이중환의 『택리지(擇里志)』에는 경주 양동, 안동 천전, 풍산 하회와 함께 삼남(三南)의 4대 길지 중 하나로 꼽히며, 『정감록(鄭鑑錄)』의 십승지지(十勝之地) 중 하나이기도 하다. 종택 주변에는 청암정 외에 석천정사, 삼계서원, 차실과 같은 문중 관련 유적들이 분포하여 조선시대 지방 사대부들의 생활을 짐작해 볼 수 있는 흔적들이 남아 있다. 1520년 충재 선생이 닭실마을로 거처를 옮기고 6년 뒤인 1526년 49세 때 충재(冲齋)와 청암정을 지었다. [88]

현재의 고택은 70년 전쯤 중건한 건물이다. 청암정과 충재를 충재 선생이 직접 지은 것으로 미루어 청암정의 별원은 선생이 즐겨서 직접 조원한 것으로 보인다.

고택은 닭실마을의 서쪽 끝에 위치하며, 마을 뒷산에 기대어 남서향을 하고 있다. 안채와 사랑채가 있는 ㅁ자형의 정침 앞에는 월문(月門)으로 된 대문채가 있고, 서쪽에는 사당과 제청이 자리하고 있다. 청암정과 충재가 있는 별원은 고택 서쪽에 위치하고 있다.

사당과 정침이 있는 주거영역과 별원은 담장으로 나뉘어 있고, 세 방향에 있는 일각문을 통해 진입할 수 있도록 하였다. 충재(冲齋)는 충재 선생이 거처하던 곳으로 평생 즐겨보던 『근사록(近思錄)』을 따서 '근사재(近思齋)'라는 현판을 걸었다. [89] 청암정은 연못을 사이에 두고 근사재와 마주하고 있다. 청암정은 돌다리를 건너 자연 암반을 깎아 만든 계단을 지나 마루에 오르도록 되어 있다. 청암정은 거북 형상의 커다란 바위 위에 지어졌는데, 주위에 타원형으로 연못을 파고 둑을 쌓았으며, 둑 주위에 나무를 심어 울타리로 삼았다. 연못의 물은 남쪽에서 충재고택 앞을 흐르는 수로를 통해 끌어들였는데, 거북 바위가 물속에 살아야 하기 때문이라 전한다.

종택 서쪽에 있는 자연 암반 주위에 연못을 해자처럼 두르고 마루 중심의 정자(청암정)와 온돌 중심의 서재(충재)를 지었다. 청암정은 높은 곳에 위치하여 외향적인 반면 충재는 반대로 낮은 곳에 위치하여 상대적으로 내향적이다. 이런 성격으로 인해 자연스럽게 청암정은 마루가 중심이 되고, 충재는 온돌이 중심이 되는 건물로 지어졌다.

충재 선생의 5대손 하당공(權斗寅, 1643~1719)이 지은 「청암정기(靑巖亭記)」에는 이러한 모습이 잘 묘사되어 있다.

집의 서쪽 10여 발걸음 거리에 큰 바위가 있는데, 그 위에는 우뚝한 정자가 있으니 이것이 청암정(靑巖亭)이다. 못의 물이 그것을 둘러싸고 있어 담박하여 벽옥(碧玉)과 같았다. 놓여 있는 징검다리가 물속에 잠겨 있어 섬이 되었는데,

사면이 모두 커다란 반석(盤石)이고 정자가 바위에 차지하고 있는 면적은 1/3 이었다. 정자의 북쪽 가에는 우뚝 솟은 바위가 있는데, 높이가 한 장을 넘고 바위 색깔은 매우 푸르렀기 때문에 이름을 청암(靑巖)이라고 하였다. 선조 충정공(忠定公)[90]께서 창건하였는데, 지금은 당(堂)이 6칸이고 방(房)이 2칸이지만 처음에는 방은 없고 당만 있었다. 고조 초계공(草溪公)[91]이 빈 곳에 돌을 쌓아 증축하였는데, 정자가 그렇게 사치스럽지 않았다. 그 형세가 높기 때문에 자못 시원하고 상쾌하였다. 동악(東岳)을 바라보며 남산(南山)을 마주하며, 북쪽으로 문수산(文殊山)과 통해 조망이 조금 넉넉하다. 그 가운데로 작은 시내 하나가 남쪽으로 흘러 정자 아래에 이르러서는 바위로 내달리고 부딪치며 나가기에 콸콸 거리며 소리가 울렸다. 남헌(南軒) 바깥에 심겨 있는 세 그루 소나무는 그 높이가 집과 나란하여 북쪽 바위 틈을 가득 가릴 지경이다. 또한 자생하는 황양목(黃楊木)은 이리저리 굽이돌아 키가 크진 않은데 그 사이사이로 몇 떨기 국화를 심어 놓았다. 연못가에는 소나무, 회나무, 잣나무 고목이 한 그루씩 심겨 있어 이리저리 솟은 채 반나마 말라가고 있다. 돌다리를 건너 못 가까이에 세 칸의 집은 평소에 거처하는 곳으로 바로 충재(沖齋)이고, 이는 청암정과 마주하고 있으면서 조금 낮다. 약간 동쪽에 또 세 칸 집이 있으니 우리 선고(先考)께서 지으신 것이며 모두 온돌집이다. 계단과 마당은 잘 정돈해 두고 작은 담장을 둘러두어 궁궁이[蘼蕪]와 모란, 작약 등을 여기저기 심었고, 장미와 철쭉을 곁들여 두었다. 남북으로는 작은 문을 하나씩 마련해 빈객과 왕래하는 사람들이 이용하게 하였다. 다시 동쪽으로 작은 문 하나를 만들어 세 갈래의 오솔길을 내고, 동쪽 산골에서 물길을 끌어들여 남쪽 담장을 뚫어 못으로 흐르도록 해 놓았다. 졸졸거리며 흐르는 이 물이 섬돌을 따라 소리를 울려 밤에 홀로 청암정에 누워 있노라면 잔잔하게 흐르는 물소리가 밤이 기울도록 귀에서 떠나지 않아 사랑스러워 할 만하다. 정원 안에는 큰 녹나무〔柟樹〕가 있어 비취빛으로 구름이 깔린 듯 정원으로 무성한 가지가 그늘을 드리웠고, 거기에 단풍나무 숲을 끼고 있어 아무리 무더운 여름날이라도 더위라곤 느낄 수 없다. 연못에는 수천 마리 물고기가 노닐고, 푸른 연잎이 아름답고 연꽃 천 송이가 물 위로 솟아있어 마치 붉고 푸른 구름이 굼실거리는 듯하다. 맑은 바람이 천천히 불어오면 향기가 가득히 사람의 콧가에 스며들고, 앞으로는 무논에 벼농사가 들판에 가득하여 농부들의 노랫소리가 들려오니 우리 정자의 또 다른 승경이다. 가장 좋기로는 달이 훤한 밤에 온갖 소리가 고요한데 맑은 연못이 빈 거울과 같아 물빛이 일렁이며 돌다리의 기둥에 거꾸로 비추면 그 흔들리는 모습이 마치 금물결이 사방에서 쏟아지는 것과 같다. 작은 비늘의 물고기가 튀어 오르고 물새가 간간이 울 적에 소나무 그림자가 누대에 가득하여 먼지 한 티끌도 보이지 않아 사람으로 하여금 상쾌하게 만들어 잠을 이루지 못하게 만든다. 대개 청암정의 사계절 경치는 같지 않지만 내가 즐기기로는 봄, 여름, 가을의 세 철이니 겨울은 너무도 추워 지낼 수 없기 때문이다. 다만 큰 눈이 내려 바위를 덮으면 다만 창연한 소나무와 푸른 잣나무만이 유일하게 우뚝하여 굽히지 않기에 공경스럽고도 완상할 만할 뿐이다. 처마 사이에는 퇴계 선생의 사운시가 걸려있는데 그 문장과 글씨가 단정하고도 엄숙하였으며, 그 시에 이어 박계현(朴啓賢), 권벽(權擘) 공들께서 화운하셨으니 이 또한 한 시대의 문장과 시문으로 이름을 높이신 이들이다. 큰 글씨로 쓴 정자의 편액 세 글자는 굳세면서도 기이하고 고풍스러운데 안타깝게도 글씨를 쓴 사람이 이미 고인이 되어 그 이름도 전하지 않는다. 아! 사람이 명승을 만났고, 그 명승은 사람으로 인해 더욱 아름답도다. 지금 이 청암정은 나의 선조를 만나 그 이름이 더욱 세상에 알려졌으며, 거기에 퇴계 이황 선생의 시문을 얻어 광휘가 더

욱 드러난 것이니 어찌 계산(溪山)의 아름다움과 경치의 기이하고 빼어남만

으로 그리된 것이겠는가!

〈원 문〉

宅西十許步, 得大巖, 其上, 有亭歸然, 是爲靑巖亭. 神沼環之, 湛湛然如碧玉. 橫

石梁以入其中, 爲絶嶼, 四面皆一大盤石, 亭據巖之上, 得三之一焉. 亭北傍有巖

屹立, 高丈餘, 石色益蒼古, 故以靑巖名. 先祖忠定公實創之, 凡堂六間, 房二間,

厥初不房而堂. 高祖草溪公, 憑虛築石而增之, 爲亭不甚宏侈. 以其占勢高, 故頗

爽塏. 瞰東岳, 面南山, 北通文殊, 眺望稍寬. 中注一小溪南流, 至亭下, 奔射激石

而去, 其聲濺濺然. 南軒外, 植三松, 長與屋齊, 楹北巖隙, 有黃楊自生, 屈曲不

長, 間蒔菊數叢. 池岸立松檜柏古木各一, 槎牙半枯. 度石梁臨池, 得三楹, 爲燕

居之室, 卽沖齋齋, 與亭相對而低, 稍東又得三楹, 我先考所建, 皆煖室也. 階庭

整理, 繚以小牆, 雜植蘺蕉, 牧舟芍藥之屬, 輔以薔薇躑躅, 南北各啓一小門, 賓

客往來者繇之. 又東啓一小門, 成三逕, 引東澗水, 穿南牆以通沼, 濺濺循除鳴,

獨夜臥亭上, 則潺湲聲終夕在耳, 可愛也. 庭中有大柟樹, 翠色拂雲, 童童蔭庭,

夾以楓林, 雖盛夏亭午, 無暑氣. 池中種魚數千頭, 綠荷亭亭, 芙蓉千柄出水, 紅

翠雲湧. 每淸風徐來, 香郁郁襲人鼻眼間, 前則水田禾稼滿野, 農唱聲相聞, 亦一

吾亭之勝也. 最宜月夜, 萬籟闃寂, 澄塘鏡空, 波光溶漾, 倒射梁棟間, 搖蕩如鎔

金四注. 纖鱗或躍, 水鳥時鳴, 松影滿樓, 一塵不到, 令人爽然無夢寐. 蓋亭之四

時之景不同, 而吾所以樂之者, 在春夏秋三時, 冬則過寒難處. 獨大雪埋巖, 惟蒼

松翠柏, 獨也偃蹇不屈, 爲可敬可翫耳. 楣間有退陶先生寄題四韻詩, 詞畵端嚴,

潤谷舍輝, 繼而和之者, 朴公啓賢, 權公擘, 亦一時文章韻士. 亭額三大字, 甚勁

健奇古, 惜筆之者沒, 其名不傳也. 噫! 人與地遇, 地由人勝. 斯亭遇我先祖而名

益顯, 得李先生賞詠而光益著, 豈獨溪山之勝, 景致之奇絶而已哉! [92]

경북 봉화 권충재의 청암정

한편 충재 선생이 직접 쓴 '嘉靖丙戌春巖亭成 明年春安林樓 主人仲虛'라고 쓴 목편(木片)이 1721년 수리 중 대들보에서 발견되어 정자 동쪽 기둥을 파고 다시 넣어 두었는데, [93] 이 기록에 보면 청암정의 원래 명칭은 '암정(巖亭)'이었던 것을 알 수 있다.

초간정

경상북도 예천군 용문면 죽림리에 위치한 초간정(草澗亭)[94]은 최초의 백과사전인 『대동운부군옥(大東韻府群玉)』을 지은 초간(草澗) 권문해(權文海, 1534~1591)가 세운 별서(別墅)로서 정사(精舍) 건축으로 그가 심신을 수양하던 정자이다.

초간정은 용문면 원류마을 앞 울창한 수림과 기암괴석이 절경을 이루고 있는 경승지에 우뚝 서 있다. 개울이 둘러진 자연 암반 위에 세워졌으며 주위에 상시 맑은 물이 흐르고 있어 풍류를 더하고 있다. 정자를 비롯하여 같은 시대에 세워진 대문채와 안채로 구성된 주사(廚舍)가 있다. 개울을 돌아 북쪽으로부터 접근하는데 왼쪽에 'ㄱ'자의 대문채와 'ㅡ'자의 안채가 서 있고 그 오른쪽에 토석담장으로 둘러있는 대지 뒤쪽으로 정자가 위치한다. 정자는 사주문을 통하여 들어가며 정자의 뒤쪽과 오른쪽은 절벽을 이루고 있다.

조선 선조 15년(1582)에 처음 지었고, 선조 25년(1592) 일어난 임진왜란 때 불타 없어졌다. 광해군 4년(1612)에 고쳐 지었지만 인조 14년(1636) 병자호란으로 다시 불타버렸다. 지금 있는 건물은 선생의 원고 등을 보관하기 위해 고종 7년(1870) 후손들이 기와집으로 새로 고쳐 지은 것이다.

권문해의 『초간집(草澗集)』에는 「초간정사사적(草澗精舍事蹟)」과 「초간정사중수기(草澗精舍重修記)」가 실려 있는데 18세기 초반 초간정사의 중수과정을 살펴볼 수 있는 좋은 자료이다. 이 자료에 의하면 정사는 1582년 권문해가 창건하고, 그 아들 죽소공이 중건하였으며, 다시 현손(玄孫) 권봉의(權鳳儀)가 1636년 중건하였다고 기록하고 있어 『초간집(草澗集)』의 다른 기록과는 차이가 있다. 주사(廚舍)와 정사(精舍)를 순차적으로 중건할 때 승려를 모집하였다고 하였으며, 그 후에도 계속 승려에게 정사의 관리를 맡긴 것으로 짐작될 뿐이다. 또 『초간집(草澗集)』에는 버려진 못을 메우고 돌을 깎는 등 인공적인 조원 기술이 가미되었음을 밝히고 있다. 또한 초간정은 현재 정면 3칸·측면 2칸 규모로, 지붕은 팔작지붕이다. 초간정 옆에는 담장으로 영역을 구분한 ㄷ자형의 주사를 배치하였다. 임진왜란·병자호란의 양란을 겪으면서 초간정사의 현판이 정자 앞 늪에 파묻혀 있다는 전설이 전해졌는데, 신기하게도 늪에서 오색무지개가 영롱하여 현판을 잃고 근심하던 종손이 파보았더니 현판이 나왔다고 한다.

초간정의 조영자인 권문해는 「초간일기(草澗日記)」에 입지와 조영 의도에 대하여 비교적 상세히 기록하였는데, 정자인 초간정 외에 강학장소인 광영대(光影臺), 서고인 백승각(白承閣), 하인들이 기거하였던 살림방으로 일곽을 이룬다. 이 중 초간정은 담장을 경계로 강학을 위한 장소인 광영대와는 명확하게 분리된다. 광영대가 개울에 대해서 담장으로 구분되어 있는 것과는 달리 초간정은 개울에 직접 면하여 개울과 정자가 조우하도록 조영되었다.

　　『초간정사사적(草澗精舍事蹟)』에는 초간정의 경관 등에 대해 다음과 같이 기록하였다.

　　이곳은 북룡문(北龍門)의 푸른 하늘을 배경으로 골짜기는 병풍처럼 둘러싸여 있고 학가산(鶴駕山)의 신선이 놀던 곳이라고 알려져 있다. 이 말에 따라 공이 지팡이를 짚으며 가 본즉슨, 물고기가 뛰어놀고 경치가 기묘하며 또한 수려하여 조석으로 찬탄해 마지않았다. 이곳의 경관은 곧 당시 '獨憐幽草澗邊生(시냇가에 자란 그윽한 풀포기가 홀로 애처롭다)'라는 구절의 진의를 말하는 것이며, 주렴계(周濂溪)가 말한 바 '수면에 이는 잔잔한 물결의 흔들림'이 곧 이것을 말하는 것이다. 선조 15년에 소실된 것을 인조 4년에 중수하였으나 다시 소실되었고, 또다시 후손이 힘을 모아 바위 위에 세 칸짜리 누각을 짓고 이제 올라와 보니 산천은 의구하되 물색은 변함이 없으나 공은 간 곳이 없고 다만 공이 모친께 드렸다는 지팡이만 외로이 남아 보는 이를 가슴 아프게 한다.

　　또, 권문해(權文海)의 「초간정술회(草澗亭述懷)」에서는 초간정에서 느낀 정취(情趣)에 대해 다음과 같이 기록하고 있다.

말을 타고서 비탈진 길을 가는데, 임학(林壑)이 어찌나 아득한지. 새로 지은 정자는 선대의 자취를 계승하고, 계곡의 시내에 있는 풀은 창창하기만 하네. 들창은 고요히 먼지 때 없고, 환하여 속세와는 아득하네. 내가 가을 문턱에 오니, 밝은 달이 어찌나 환한지. 서늘한 기운 옷깃과 갓 속으로 스며드는데, 늙은이와 젊은이와 담소를 나눈다네. 깊은 밤에 개울을 베개 삼아 누워 있으니 정신이 맑아져 잠깐 잠이 들었다네. 들판 밖으로는 광대하고, 골짜기 안으로는 그윽하기만 하네. 바위가 푸른 병풍처럼 둘러싸여 있고, 물은 담뿍 고여 있어 푸른 늪을 만들었네. 천기(天機)의 마음으로 물고기 노는 것을 감상하고, 즐거운 마음으로 새 울음소리 듣는다네. 생각건대, 대동옹(大東翁)의 본디 마음은 푸른 산에 있었다네. 이에 집을 짓고는 아침저녁으로 길게 휘파람을 부른다네. 때때로 돈후한 덕의 일을 기록하니, 멀리 사마천(司馬遷)[95]의 뜻과 합치되네. 검은 소나무는 이슬방울이 맺혀 젖어 있고, 글을 써 내려감은 산골짜기 구름의 얽힘이라네. 지금은 그럴 수 없으니 나는 노쇠하여 근심만 쌓여 가네. 그

경북 예천 초간정

저 맑은 향기만을 부여잡고 있으니, 어떻게 사모할 수 있을지. 물가를 따라가면서 흰 네가래를 캐서 재배하며 향을 사른다네.

계곡의 시내 풀은 푸르러 속진(俗塵)에 물들지 않고, 옛 현인이 끼친 향기가 사람을 더욱 감동시키네. 세속을 떠난 마음으로 많은 봉록을 사양하려고 했고, 작은 집이 생긴 때가 만력(萬曆)의 봄이라네. 『춘추(春秋)』[96] 같은 역사서를 지음에 의리에 근본하고, 책상머리에 있는 경전(經傳)에 늘 정신이 가 있다네. 내가 와서 손을 씻고서 남긴 글을 펼쳐 보니, 상자에 차고 넘치는 정사(政事)에 관련된 글 손색이 없다네.

〈원 문〉

驅驢度側徑, 林壑何窈窕. 新亭繼先躅, 澗草靑未了. 牕牖靜無塵, 曠與人境杳. 我來適新秋, 素月何皎皎. 涼氣襲襟縷, 晤語同老少. 夜闌枕溪臥, 神淸夢寐小. 郊原外廣平, 洞府中幽妙. 巖圍作蒼屛, 水匯成綠沼. 天機翫躍魚, 樂意聽啼鳥. 緬惟大東翁, 素志在蒼峭. 玆焉結幽屋, 日夕舒長嘯. 時復記惇史, 遠同龍門調. 濡墨松露滴, 揮手溪雲繞. 于今不可得, 我衷空悄悄. 徒此挹淸芬, 何由仰末照. 遵渚釆白蘋, 再拜瓣香燒.

澗草靑靑不染塵, 昔賢遺馥更薰人. 退心欲謝千鍾祿, 小屋初成萬曆春. 筆下陽秋根義理, 案頭經傳著精神. 我來盥手披遺卷, 盈溢巾箱政不貧. [97]

남간정사

남간정사는 우암(尤菴) 송시열(宋時烈)이 80세이던 1686년에 수석(水石) 사이에 지은 작은 재(齋)로, 주자의 남간시를 인방에 걸었다. [98] 정사(精舍)란 원래 불교에서 수행하는 장소를 가리키는 용어로 사용되었으나 우리나라에서는 조선 중기 이후 선비들의 장수(藏修)와 유식(遊息)을 위한 장소로 인식되어 왔다.[99) '남간(南澗)'이라는 명칭은 주자의 무이구곡을 묘사한 「운곡 26영(雲谷二十六詠)」 중에서 두 번째 '남간(南澗)'이란 시의 뜻을 취한 것이다. [100)

남간정사 뒤에는 표고 230m의 꽃산이 있고 앞에는 계류가 흐르고 있다. 남간정사는 배산임수라는 기본적인 원칙을 잘 지키며 정남향으로 배치되어 있다. 그러나 주변은 도시화되어 남간정사 원래의 모습이 어떠했는지 알 수 없게 되었고, 1991년부터 시행된 우암 사적공원 조성화 사업으로 인해 상대적으로 더욱 초라한 모습이 되고 말았다.

남간정사(南澗精舍)가 있는 홍농(興農)이라는 지역은 송시열과 인연이 깊은 지역이다. 초년부터 살았던 지역이면서 제자들이 공부하던 능인암(能仁菴)은 송시열이 1666년 화양(華陽)으로 이주하기 전까지 있던 곳이다.[101) 송시열이 만년의 거처를 고향 중에서도 어릴 때부터 인연이 깊던 홍농으로 정한 것은 유년시절부터 익숙한 곳이었기 때문일 것이다. 그러나 송시열은 3년 뒤 죽음을 맞이하면서 실제로 숙종 9년(1683)에 세운 남간정사에서 머문 기간은 얼마 되지 않는다. 지금의 남간정사는 1796년[102)과 1858년[103)에 고쳐 지은 것으로 보인다.

송환기(宋煥箕, 1728~1807)의 「남간정사중건상량문(南澗精舍重建上樑文)」에는 중수할 당시의 상황에 대한 기록이 보인다.

바위와 샘이 맑고 그윽하며 몇 번의 화재를 겪어서 옛 모습만 남아있다. 남간
정사는 넓고 커서 재로 남은 터에다 다시 지어서 옛 원형을 이루었으니 그 아
름다운 자취가 있었다. 이 흥농(興農)의 간학(澗壑)은 바로 우암 선생이 은거
하던 곳으로, 늘그막에 한적한 정취가 있는 곳이니, 어찌 한천(寒泉)의 아득
한 풍경을 구한 것이겠는가? (중략) 바위를 초석으로 삼아 옛 형태가 온전히
남아있었다. 높은 돌은 가파르게 서 있어 광채를 뿜어내고, 날 듯한 샘천은 질
탕하게 뿜어대어 울림을 더하고 있다. 농산(農山)[104]은 아득하여 그윽한 경계
를 휘감아 오를 수가 없고, 운곡(雲谷)[105]은 의연하여 맑은 간수를 내려다보며
막막한 형상을 이루고 있다.

〈원 문〉

嚴泉淸幽, 閱灰劫而依舊. 澗舍宏敞, 就爐墟而重新, 贏擧克成, 徽躅攸在. 維玆
興農之澗壑, 寔我尤翁所考槃, 老境閒情, 詎取寒泉之敻絶. 故鄕勝趣, (중략)
因嚴爲礎, 舊制宛如. 危石崢嶸而生輝, 飛泉崩奔而增響. 農山邈矣, 循幽境而
莫攀, 雲谷依然, 俯淸澗而敻想. [106]

송시열 사후에 제자들은 남간정사에 사당인 종회사(宗晦祠)를
세우고 주자, 우암, 수암을 배향했으나 흥선대원군 때 훼철되었다.
1936년 다시 남간사(南澗祠)를 복원하고 우암, 수암, 석곡을 배향했
다. 현재 남간정사 구역 내에 있는 기국정(杞菊亭)은 소제(蘇堤)에
있던 것인데, 대전역이 들어서면서 1927년 이곳으로 이전했다.[107]
남간정사(南澗精舍)는 현재 4개의 영역으로 나뉘어져 있는데, 동
에서 서로 흐르는 개울을 지나 삼문(三門)을 지나면 연못과 기국정(

杞菊亭)이 있는 영역이 있고 연못 북쪽에 면해 남간정사가 있는 영역에는 담장이 세워져 있다. 남간정사 뒤에는 후대에 세워진 남간사(南澗祠)의 사당 영역이 높게 자리하고 있고, 남간정사의 동쪽으로는 근래에 지어진 것으로 보이는 주사(廚舍)가 있다. 후대에 옮겨진 기국정이 배치에서 부자연스럽게 보인다. 나머지 정사 사당 주사는 정사 건축에서 보이는 배치수법을 그대로 따랐다.

연못은 자연 암석이 있는 곳에 인공적으로 막돌허튼층쌓기의 석축을 쌓고 물을 끌어들이는 방법으로 조성하기 때문에 자연스러운 연못 형태를 이루고 있다. 가운데에는 원형의 섬에 큰 나무를 식재하였다. 이 연못은 개울물을 수원(水源)으로 하고 있는데 낮은 단차를 두어 청각적 효과를 노리고 있다. 이 밖에도 정사 뒤의 샘물과 우천 시 낙숫물을 정사의 대청 아래로 흘러 보내도록 하여 보조적 수원으로 사용하고 있다. 출수구는 삼문 옆에 두어서 다시 개울로 흐르도록 하였다. 남간정사는 연못의 암석이 잘 보이는 곳에 정남향으로 배치하였는데, 가운데 대청과 양쪽에 방을 둔 중당협실형(中堂夾室形)의 평면을 갖추고 있다. 정사 동쪽의 앞에는 누마루를 두고 뒤에는 방을 두었는데 이러한 형식은 기국정에도 보이고 있다.[108]

남간정사 정원의 가장 큰 특징은 서울 석파정처럼 정사의 대청 아래에 물이 흐를 수 있도록 하였다는 점이다. 송시열이 함께 공부했던 동춘당(同春堂) 송준길(宋浚吉, 1606~1672)의 정자인 옥류각(玉溜閣)도 현재 이러한 형식을 갖고 있고, 송시열이 47세에 집터를 마련한 소제(蘇堤)와 화양구곡의 암서재 역시 '물'과 관련되어 있다. 이러한 공통된 특징이 어디에서 연유했는지 확실하지 않지만 다음과 같은 유일한 기록에서 송시열의 평소 '물'에 대한 인식을 짐작해 볼 수 있다.

병오년(1666, 현종 7) 가을부터는 선생이 화양동(華陽洞)에 오래 계시면서 그곳의 징담(澄潭)·백석(白石)·폭포·창벽(蒼壁)을 사랑하였다. (선생이) 말씀하셨다. "물 없는 데가 없지만 이 산의 못은 푸르고, 돌 없는 데가 없지만 이 산의 돌은 깨끗하여 매우 사랑스럽다." 또 말씀하셨다. "한밤중에 만뢰(萬籟)가 고요할 때 누워서 창 밖의 졸졸 흐르는 물소리를 들으면 정(靜) 가운데 동(動)이 들어 있는 뜻을 알 수 있다." 또 말씀하셨다. "파곡(葩谷)은 선유동

대전 남간정사

(仙遊洞)의 그윽하고 폭포가 있는 것만 못하고, 선유동은 파곡의 넓고 툭 트인 것만 못하니, 사람의 품질과 학문도 서로 같지 않음이 더러 이와 같다." [109]

송시열의 「이동보에게 답함(答李同甫)」에서도 남간정사의 모습을 볼 수 있다.

「남간정사기(南澗精舍記)」가 나의 뜻대로 되지 않았으니 매우 섭섭하네. 내가 바라는 바는, 간단한 두어 마디 말로 그 실상만을 기록해 주기를 원하지 너무 확대시키는 일은 진정 바라지 않으니, 끝내 지어 주는 것이 어떠한가? …… 맑은 시내가 현(縣)의 남쪽에 있으므로 남간(南澗)이라 하였으며, 곡운 (谷雲) [110]이 팔분체(八分體) [11]로 당액(堂額)을 쓰고 또 운곡(雲谷)의 남간 시(南澗詩)를 써서 아울러 벽에다 걸었는데, 갑자기 임천(林泉)에 광채가 더한 것을 깨달을 수 있네.

〈원 문〉
唯南澗文字, 未蒙俯副, 此甚歉然. 鄙心所望, 只願以寂寥數語, 但記其實狀而已, 若其鋪張則誠不願也, 更乞終惠之如何. …… 淸澗在縣之南偏, 故曰南澗. 谷雲以八分題額, 又書雲谷南澗詩, 並揭壁間, 頓覺林泉增彩矣. [112]

또, 권상하(權尙夏)가 지은 남간정사에 대한 시는 다음과 같다.

小院臨幽泉 작은 집 그윽한 샘가에 임했고,
軒窓暎空翠 난간 창 푸른 하늘 비쳐드네.

소쇄원

소쇄원(瀟灑園)은 조선조 중종 때 양산보(梁山甫)가 경영하던 별서정원이다. 전남 완도군 보길도에 윤선도가 조성한 부용동과 함께 조선조 별서정원을 대표하며 주변의 식영정, 환벽당과 더불어 「성산별곡」의 '성산동 3승'으로 이 고장 선비들의 사랑을 받아온 곳이다. 소쇄원을 만든 양산보(1503~1557)는 제주 양씨 사원의 장남으로 자는 언진(彦鎭)이며, 그가 경영한 소쇄원의 주인이라는 뜻에서 소쇄공이라 불리기도 했다.

15세에 부친을 따라 상경하여 조광조의 문하생이 되었고, 17세 때 현량과에 응시했으나 관직을 얻지 못했다. 1519년 기묘사화로 은사인 조광조가 남곤 등에게 몰리어 능주로 유배되자 양산보는 낙향하여 이곳 창암촌 산기슭에 별서인 소쇄원을 꾸미게 된다.

양산보는 「처사공실기(處士公實記)」에서 자제들에게 말하기를, "소쇄원은 어느 언덕이나 골짜기를 막론하고 내 발자국이 남겨지지 않는 곳이 없으니 평천장(平泉莊)의 고사에 따라 이 동산을 남에게 팔거나 후손 중 어느 한 사람의 소유가 되지 않도록 경고한다."고 하였다. 관직을 버리고 자연과 교유하는 전원생활을 했던 양산보는 그와 처지가 같았던 도연명, 주돈이(무숙) 등을 흠모하여 소쇄원 내의 자연적인 바위에 오암이라는 이름을 붙이고 광풍각 후면의 축대에 복숭아나무를 심고 도오(桃塢:복숭아나무언덕)라고 하였다. 또 애양단 시냇가에 돌로 축대를 쌓고 그 위에 작은 정자를 짓고 오동과 대나무를 주위에 심어 '봉황을 기다리는 대'라는 대봉대(待鳳臺)라고 이름을 붙였다.

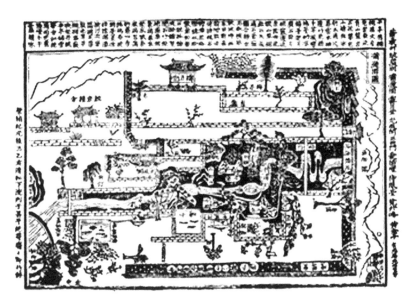

〈소쇄원도〉

　정원은 내원과 외원으로 구분된다. 내원에 관한 「소쇄원 48영」영과 외원에 관한 「소쇄원 30영」 [113)]이 있다. 시대적 안목을 같이 하여 남달리 다정했던 하서(河西) 김인후(金麟厚)는 이곳에 출입하여 내원의 48경을 두고 「소쇄원 48영」 [114)]을 짓기도 하였다. 소쇄원의 담벽에 있는 애양단(愛陽壇) · 오곡문(五曲門) · 소쇄처사양공지려(瀟灑處士梁公之廬)라고 쓴 석판과 목판 글씨들이 우리나라 대표적 명필로 지목하는 우암(尤庵) 송시열의 친필로 알려진 것도 정원의 명성을 더욱 이름나게 한 까닭이기도 하다.

　1755년 판각한 〈소쇄원도〉에는 소쇄원에 대한 송시열의 수필본(手筆本)이 있다. 이 소쇄원 그림을 새긴 목판에는 김인후의 「소쇄원 48영」 의 시제도 새겨져 있다. 이 목판을 보면 정원은 2000여 평의 계곡 주변에 조성되어 있는데, 입구에는 목교가 있고 황금정(黃金亭)이란 정자와 숲이 있고 작은 지당(池塘)에 연꽃과 고기가 놀고 있으며 물레방아와 물을 끌어가는 나무 홈대가 설치되어 있다. 제월당(霽月堂), 고암정사(鼓岩精舍), 광풍각(光風閣), 오곡문(五曲門), 죽림재(竹林齋), 소정(小亭) 등 건물이 있다. 제월당 주위에는 단(段)을 지어, 매화, 측백, 노송, 도(桃) 등을 심었고 계곡 가에는 버들, 은행, 자미(紫薇), 벽오동, 죽, 노송을 심었다.

<소쇄원도>에는 계곡 상하로 두 개의 외나무다리가 그려져 있고 광석(廣石)에 누워 달을 보고 상석(床石)에 앉아 장기를 두며 조담(槽潭)에서 방욕(放浴)을 하고 탑암(榻岩)에서 정좌(靜坐)하는 등의 내용이 나타나 있다. 화목으로 집마당과 담 안에는 동백, 파초 등이

전남 담양 소쇄원

그려졌다. 그리고 정원을 둘러싸고 있는 긴 담장 벽에는 '하서의 48시'가 걸려 있고 괴석과 석가산(石假山)이 그려져 있고 그림에는 모두 이름을 붙였다. 지금은 황금정, 소정, 고암정사, 부훤당, 담장 일부와 오곡문 및 하류에 설치되어 있던 외나무다리와 물레방아, 석가산 등이 없어졌고, 입구의 목교는 1986년에 복원되었다. 제월당, 광풍각과 상류의 외나무다리 등은 옛 모습대로 남아있다.

남쪽 담장인 애양단 주변은 높이 2m 내외의 기와를 입힌 흙돌담이 동쪽을 경계로 하여 둘러 있으며, 시냇가에는 자연석 축대를 쌓아 입구부터 연못, 작은 못, 정자 등의 조경구조물이 차례로 배치되어 공간의 성격을 강조하고 있다.

또한 오곡문 옆 시냇가에 인접해 있는 부분은 넓게 확장되어 있어서 큼직하게 드리운 와송(臥松)의 그림자를 더 밝게 해주고 있다. 여기에서 특히 주목되는 것은 두 개의 4각형 연못이다. 이 연못은 오곡문 옆 커다란 담 구멍을 통하여 흘러들어 오는 시냇물을 나무에 홈통을 판 물다리를 따라 빨아들이고 있다. 애양단 주변은 담이 주변을 두르고 있고 겨울철이면 복사열을 받아 단(壇) 앞의 시내가 얼어있을 때도 단 위의 눈은 완전히 녹는 양지 바른 곳이어서 애양단이라고 이름 붙여진 것 같다.

광풍각 주변에는 오곡문 옆 담 밑의 담구멍 물길로부터 시작되는 시내가 흐른다. 광풍각은 냇가 언덕에 자리하고 있다. 이곳은 골짜기 냇물방향과 직각을 이루도록 북서쪽에서 남동쪽으로 축조한 높이 2.2m의 담 밑쪽에 만들어 놓은 높이 1.5m, 너비 각 1.5m와 1.8m의 넓이를 갖는 두 개의 유수구를 통하여 흘러드는 계류가 암반 위에 파인 부분을 느리게 굽이쳐 조담에 잠시 머물다가 폭포를 이루며 계곡으로 떨어진다. 이 조그마한 폭포를 십장폭포라고 부른다. 「소쇄원 48」영 중 광석와월(廣石臥月), 탑암정좌(榻巖靜坐), 옥추횡금(玉湫橫琴), 상암대기(床巖對棋) 등의 시가 이곳을 배경으로 지어졌다.

광풍각과 애양단은 소쇄원에서 낭만적인 위락공간에 해당한다. 반면 제월당은 사적인 공간에 해당한다. 제월당은 소쇄원 상부에 위치해 있으며, 냇가와 인접해 있다. 오곡문에서 제월당에 이르는 통로의 오른쪽에는 2단의 축단이 있어 매화를 중심으로 한 꽃나무를 심었으며 매대(梅臺)라고 불린다. <소쇄원도>에 의하면 매화, 복숭아, 난초 및 이름 없는 큰 나무들을 심은 것으로 기록되어 있다.

완도(莞島) 보길도(甫吉島) 세연정(洗然亭)

세연정은 고산(孤山) 윤선도(尹善道, 1587~1671)가 계간(溪澗)에 판석 제방을 막아 만든 '계원(溪園)'이다. 지금의 세연정 건물은 1991년 발굴 조사한 자료에 의해 복원한 것이다.

세연정은 보길도의 부용동(芙蓉洞) 원림(園林) 입구에 위치한다. 보길도의 주산인 격자봉 아래에서 근원한 계류가 낭음계(朗吟溪)를 이루고, 건천(乾川)이 되어 흐르다가 세연정 가까이에서 샘물처럼 솟아오른다. 그리고 이 물은 다시 주위 골짜기에서 내리는 물과 함께 계류를 형성한다. 이 계류에 판석(板石)의 보(洑)를 쌓아 만든 못이 세연지(洗然池)이다. 세연지는 계간(溪澗)에 제방을 쌓아서 흐르는 물을 막아 이루어 놓은 못이므로 이를 '계담(溪潭)'이라고도 한다. 이곳의 물이 맑고 깨끗하여 못에 비치는 주변의 경관이 물에 씻은

전남 완도 세연정 | 고산 윤선도가 만든 원림으로 현재의 건물은 발굴조사 자료에 의해 복원한 것이다.

듯 보는 사람의 마음을 상쾌하게 해주기 때문에 이름을 '세연지'
라고 하였다. 고산은 이 못 주변에 세연정을 비롯하여 여러 가지 시설
물을 설치하고 원림을 조성하였다. 주로 계간의 공간을 조화롭게 활
용하여 원림을 조성했으므로 이러한 원림을 계원(溪苑)이라 한다.

이 계원의 주요 건물이 바로 세연정이다. 그 주변에는 고산이 무희
들을 불러 춤을 추었다는 서대(西臺)와 동대(東臺)가 있다. 그리고
정자로 가는 다리를 놓고 이름은 비홍교(飛紅橋)라 하였다. 세연지
계원 전체의 넓이는 3,000여 평이고, 그 가운데 보를 막아서 이룬 계
담은 600여 평이다. 그 옆에는 250여 평의 방형(方形)에 가까운 정
지(亭池)가 존재한다. 세연정은 이 계담과 정지 사이에 위치해 있다.
세운정의 건너편 남쪽 산에는 옥소대(玉簫臺)가 있다.

세연정 주변에는 여러 가지 꽃과 나무를 심었다. 1974년 조사한 바에 따르면 동백나무, 왕벚나무, 소나무, 느릅나무, 해송 등 21종의 화목(花木) 183그루가 자란다고 하였다. 이 화목들은 윤선도가 생존할 때부터 있었던 것은 아니지만, 이곳은 갖가지 꽃과 나무들이 자라기에 알맞은 온대 지역으로, 원래 자연의 수목과 어울려 조성된 정원이었음을 알 수 있다.

세연정은 옛 선비들이 강호에 은거하여 자연과 시주(詩酒)의 풍류를 즐기면서 경영하던 누정 개념(樓亭槪念)의 건물이다. 보길도가 자제 및 후학들을 가르쳤던 낙서재(樂書齋)와 달리, 이곳은 오가는 선비들과 풍류를 즐겼던 곳으로 사용되었다.

'세연(洗然)'이란 이름은 주변 경관이 물에 씻은 듯 깨끗하고 단정하여 기분이 상쾌해지는 곳이란 뜻에서 붙여졌다. 『보길도지』에 의하면 고산은 섬 속의 여러 형승을 사람에 비유하여 품평하되, "석실은 신선 같은 사람에 비의(比擬)되어 마땅히 제일 으뜸이고 세연정은 번화하면서도 청정(淸整)함을 겸하였으니 재상의 재능이요, 수대(水臺)는 단아하고 고결하여 스스로를 지키는 자나 다름이 없다"라고 말한 바 있다.

고산은 이곳에서 여러 시를 남겼다. 먼저 세연정을 소재로 한 5언 절구의 한시 「동하각(同何閣)」을 지었는데 그 시는 다음과 같다.

我豈能違世 내 어찌 세상을 저버릴 수 있으리오.

世方與我違 세상이 나를 저버린 거라네.

號非中書位 이름은 중서위(中書位)에 있는 게 아니나

居似綠野規 삶은 항시 녹야(綠野)의 규범과 같았다네.

　고산은 누정의 이름을 달리하여 건물의 중앙과 동서남북에 각기 편액을 달았다. 중앙에는 '세연정'이라 하였고, 서쪽은 '동하각'이라 하였다. 그리고 동쪽에 '호광루(呼光樓)', 남쪽에 '낙기난(樂飢欄)'이라는 이름의 편액을 달았다. 또, 서쪽에는 '칠암헌(七岩軒)'이라는 이름의 편액을 따로 달았다. '동하'라는 말은 『맹자』에서 따온 이름으로, 『맹자』의 원문은 다음과 같다. "사람의 마음에 있어서 같은 바는 무엇인가. 이는 곧 이(理)요, 의(義)이다(必之所同然者, 何也? 謂理也, 義也)." 고산은 여기에서 이(理)와 의(義)의 뜻을 상기시켜 이를 강조하고자 하여, 설의식(設疑式) 이름으로 '동하(同何)'라고 한 것이다.
　『맹자』에는 또 같은 문맥으로 다음의 내용이 이어져 있다.

성인(聖人)은 우리의 마음속에 같은 것이 있음을 먼저 알았을 뿐이다. 그래서 이(理)와 의(義)가 우리의 마음을 기쁘게 함은 마치 나물이나 육류가 사람의 입을 기쁘게 하는 것과 같다 (故理義之悅我心 猶芻豢之悅我口).

　『맹자』는 이 글에서 어느 누구든 음식을 먹으면 입이 즐거워지는 것처럼, 이(理)와 의(義) 역시 우리를 즐겁게 해준다고 말하고 있다. 고산은 「동하각」에서 이러한 맹자의 뜻을 이어받아, 이와 의를 저버린 세상 사람들을 탄식하고 있다. 그리고 결구의 녹야(綠野)는 푸른 들을 말한다. 이는 늦봄에 볼 수 있는, 화기(和氣)를 느끼게 하는 녹색의 푸른 들이다. 봄에 전개되는 녹야의 자연 질서는 인간의 본보기가 될 수 있다. 즉, 고산은 중서위의 높은 자리가 아니라 평범한 자리에 있지만, '녹야'의 규범, 즉 자연 질서를 본보기로 삼고자 한 것이다.

세연정 정원을 주제로 한 또 다른 시로는 「혹약암(或躍岩)」이라는 5언절구시가 있다. 세연정을 중심으로 한 계원에는 7암(岩)이 있고, 그 가운데에 곧 뛸 듯이 움츠리고 있는 동물 형상의 큰 바위가 있는데, 고산은 이를 혹약암이라 불렀다. 「혹약암」의 원문은 다음과 같다.

蜿然水中石　용처럼 꿈틀거리는 물속의 바위
何似臥龍巖　어찌하여 와룡암(臥龍岩)을 닮았는고.
我欲寫諸葛　나는 제갈량(諸葛亮)의 상(像)을 그려
立祠傍此潭　이 연못가에 사당을 세우리.

바위를 혹약암이라고 한 것은 『주역』「건(乾)」에 나오는 '혹약재연(或躍在淵)'의 시구에서 취한 이름이다. '뛸 듯하고서 아직 뛰지는 않고 못에 있다'는 뜻이다. 실제로 바위를 보면 큰 두꺼비가 못 가운데에서 곧 뛸 것 같은 모습을 하고 있다. 고산은 이 시에서 뜻을 이루지 못하고 남하하여 절해고도에 들어서 있으나, 제갈량과 같은 위인을 고대하면서 나라를 걱정하는 마음을 버리지 않았음을 나타내고 있다.

윤선도는 이와 같이 시작을 했을 뿐 아니라 여러 시인 묵객들과 함게 악기를 연주하고, 시를 연에 맞추어 노래를 하면서 풍류를 즐겼다. 세연정을 중심으로 한 그 주변에는 정자의 좌우에 축단을 이루어 이를 동대와 서대라고 하고, 정자의 남쪽에 형성된 계담에는 일곱 개의 바위가 있어 이를 칠암(七岩)이라고 하였으며, 북쪽에 있는 인공 연못에는 네모에 가까운 방도(方島)를 두어 세연정 공간에 조화를 이루었다. 윤선도는 이곳에서 시를 짓고 부르며 풍류를 즐긴 것이다.

윤선도가 세연정을 소재로 지은 「어부사시사」 40수는 제작된 동기부터 가창을 전제로 하여 이루어진 창사(唱詞)였다. 윤선도는 「어부사시사」의 발문에서 "맑은 못이나 넓은 호수에서 조각배를 띄우고 즐길 때 사람들로 하여금 목청을 같이하여 노래를 부르게 하고 서로 노를 짓게 한다면 또한 하나의 즐거움이 아니겠는가."라고 하였다. 이를 통해 어부사시사는 노래를 부르기 위해 지어졌음을 알 수 있다. 「어부사시사(漁父四時詞)」는 당시 노래를 잘하는 가희(歌姬)들에게까지 익히 알려져 있었다고 전해진다.

세연정에서 지어진 또 다른 창사로는 「산중신곡」이 있다. 이는 윤선도가 50대에 지은 것으로 뒷날 가객에 의해 노래로 불렸다고 전해진다. "천연으로 된 대(臺)에 사람이 정자를 지었는데, 큰 강과 작은 산골물 빙빙 돌고 도네. 가무를 잘하는 연희(燕姬) 강남곡(江南曲)을 익히 부르는데, 굴원(屈原)과 같은 내 근심에 치우쳐 못 가 언덕을 건네. 온 골짜기 울리는 악기 소리 취한 흥을 더하고, 온 사람의 아름다운 채색 유람하는 뜻을 녹이네. 맑고 큰 물결 용천(龍泉)의 보검 씻을 준비되었는데, 기술이 뛰어난 그 누구 바다의 고래를 잡을 건고."라는 기록이 있다.

이렇듯 그는 시가와 음악을 통해 세연정을 배경으로 훌륭한 예술성을 발휘하였다. 세연정 무대는 가무의 상설무대가 되었던 것이다. 세연정 무대에서 사죽(絲竹)의 풍류를 울리며 물위에 배 띄워 놓고 「어부사시사」에 맞추어 곱게 채의(彩衣)로 단장한 남자 아이들이 춤을 추는 일은 궁중의 선상에 무대를 만들고 어린 기생들을 춤추게 하는 배따라기나 배에서 즐겁게 놀이하는 선유락(船遊樂)과 비교해 볼 만한 흥미 있는 선비 가무였다. 구체적인 가무의 구성은 고증할 자료가 거의 없어서 살피기 어려우나, 「어부사시사」에는 고산 자신이 세연정이라는 무대를 배경으로 선비 가무를 연출했던 기록이 있다.

그러나 고산을 속되게 쾌락적인 성정을 누린 사람이라고 할 수는 없다. 그는 모범적인 유자(儒者)로서 노래의 가사도 유교적인 도덕론의 입장에서 지어졌다. 그에게 음악은 주자가 말한 중화지기(中和之氣)를 기르는 데 목적이 있었다. 『보길도지』에는 고산이 "하루도 음악이 없으면 성정을 수양할 수 없다."라고 말했다는 기록이 있는데, 이를 통해서도 고산은 음악을 통해 도덕 함양을 목표로 삼았다고 볼 수 있다.

요컨대 세연정은 자연의 경치를 감상하며, 풍류를 즐기고 올바른 성정을 함양하는 공간으로 기능을 한 누정이었다.

67) 제발문：제사와 발문을 말하는데 이미 완성된 책의 앞머리에 그 책과 관련된 일을 노래나 시로 적은 글이다.

68) 방지쌍도：사각형의 연못에 사각형의 섬이 두 개 조성된 못.

69) 일부 자료에서 광한루원(廣寒樓園)이라고 하였지만. 일단 본 글에서는 정식 문화재명인 광한루원(廣寒樓苑)이라는 명칭을 사용하기로 한다.

70) 승경：훌륭하고 이름난 경치. 즉 명승지를 말한다.

71) 『광한루 실측조사보고서』에서는 광한루를 객사의 누각으로 설명하고 있지만 지방 관아에서 객사, 동헌 등의 소속을 구분하여 운영하였는지는 확실하지 않다. 다만 광한루는 1626년 재건 후 남원의 객사가 정유재란으로 부재하던 1690년까지 객사의 기능을 대신한 것으로 추정된다. 문화재청, 『광한루 실측조사보고서』, 문화재청, 2000. pp.61~62 및 pp.81~82.

72) 황상돈·박찬용, 「조선시대 읍성의 관아정원에 관한 기초 연구」, 한국정원학회지 제17권 제3호, 1999.9. pp.56~63.

73) '廣寒樓……新增 上房二間 樓三架十五間 前皆石柱下馬 閣道二間 大門一間 東西夾門各一間 東省門一間 西省門一間 廁室二間 伺侯廳三間 大門一間 烏鵲橋石築虹橋四區亘于樓下西南 支機石在湖心南邊 蓬萊島在湖心綠竹猗猗 方丈島在湖東邊種百日紅 瀛洲島在樓前湖北上 有蓮亭浮橋蓮岸 上漢槎湖中有小艇名曰上漢槎……', 『龍城志』 樓亭조. 그러나 정철이 전라감사로 재임하던 시기에 이미 존재한 시설들이다. 문화재청, 『광한루 실측조사 보고서』, 문화재청, 2000. p.59.

74) '……湖外有曠野 長沙斷壟 奇岩島嶼花竹 若靑城洞裏玄界初開 瓊華石英 互發而交拆 赤水丹丘 惝恍而靡窮也 湖上有橋跨空者四 若婺女渡河 仙官集役 橫橋一成 碧落平地 名之曰烏鵲 記其似也 統諸勝而樓之 珠箔瑤窓 若五城十樓 紅雲擁之 雖眞仙 亦不得尋也 名以廣寒 其在是乎 顧廣寒之說 難知也 嫦娥奔月 此焉攸宅 百丈之桂 三千之斧 守杵之兔 若有若無 浩浩茫茫 乃援而名斯樓者 其然乎其不然乎 其可乎其不可乎……', 申欽, 「廣寒樓記」, 『象村稿』 권22.

75) 불로초：선경에 있으며 사람이 먹으면 늙지 않는다는 풀.

76) 불로장생：늙지 않고 오래 삶.

77) 음양오행사상：중국 고대의 세계관으로 우주와 인간사회의 모든 현실을 음양의 두 원리의 소장(消長)으로부터 설명하는 음양설과 이 영향을 받아 만물의 생성소멸을 목화토금수(木火土金水)의 변전(變轉)으로부터 설명하는 오행설.

78) 이영진, '다시보자, 우리향토문화'-네번째 이야기. http://cafe.daum.net/kyankyang/

79) 문옥상, 『전통민가 정원의 지당에 관한 연구-서석지를 중심으로』, 진주산업대 석사학위논문. 2007. p.60.

80) 경상북도, 『문화재대관Ⅱ』, 2003. p.586.

81) 민경현, 「서석지를 중심으로 한 석문 임천정원에 관한 연구」, 한국정원학회지 제1권 1호, 1982. pp.5~6.

82) 민경현, 「서석지를 중심으로 한 석문 임천정원에 관한 연구」, 한국정원학회지 제1권 1호, 1982. p.6.

83) 『석문집(石門集)』, 「경정잡영·서석지(敬亭雜詠·瑞石池)」, 한국문집총간속집 19.

84) 문옥상, 『전통민가 정원의 지당에 관한 연구-서석지를 중심으로』, 진주산업대 석사학위논문. 2007. p.78.

85) 정재훈, 『한국의 옛 조경』, 대원사, 1990.

86) 민경현, 『숲과 돌과 물의 문화』, 예경, 1998. pp.288~291.

87) 자는 중허(仲虛), 호는 충재(冲齋)·훤정(萱亭)·송정(松亭). 할아버지는 부호조(副護

早) 곤(琨)이고, 아버지는 성균생원 증영의정 사빈(士彬)이며, 어머니는 주부(主簿) 윤당(尹塘)의 딸이다. 1496년(연산군 2) 생원시에 합격하고, 1507년(중종 2) 문과에 급제하였다. 1513년 사헌부지평으로 재임할 때, 당시 신윤무(辛允武)・박영문(朴永文)의 역모를 알고도 즉시 상변(上變)하지 않은 정막개(鄭莫介)의 당상관계(堂上官階)를 삭탈하도록 청해 직신(直臣)으로 이름을 떨쳤다. 1519년 11월 기묘사화가 일어나자 연루되어 파직당하고 15년간을 고향에서 지내다가 1533년 복직되었다. 1547년 양재역벽서 사건에 연루되어 유배지인 삭주(朔州)에서 이듬해 죽었다. 그는 재직기간에 경연시독관(經筵侍讀官)・참찬관(參贊官) 등으로 왕에게 경전을 강론하기도 했으며, 중종조 조광조・김정국(金正國) 등 기호사림파가 중심이 되어 추진된 개혁 정치에 영남 사림파의 한 사람으로 참여하였다. 1567년 신원(伸寃)되었고, 이듬해 좌의정에 추증되었다. 1588년 삼계서원(三溪書院)에 제향되었으며, 1591년(선조 24)에는 영의정에 추증되었다. 그는 독서를 좋아해 『자경편(自警篇)』과 『근사록(近思錄)』을 항상 품속에 지니고 다녔다. 저서로는 『충재선생문집』 9권 5책이 있다. 시호는 충정(忠定)이다. 한국정신문화연구원, 『한국민족문화대백과사전3』, 1991, pp.942~943 참조.

88) '병술년(丙戌年 : 權橃의 나이 49세). 집의 서쪽에 작은 방을 만들고는 충재(冲齋)라 이름 짓고, 또 서쪽 바위 위에 6칸의 정자를 세워 못의 물이 에둘러 가게 했는데, 이것이 청암정(靑巖亭)이다. 거처하는 동문(洞門)의 밖에는 맑은 시냇물이 흰 바위가로 흐르고 있는데, 그윽한 경치가 세속의 기운이 전혀 없었다. 선생은 그 경치를 아낀 나머지 돌을 쌓아 섬돌을 만들고 정자를 세운 다음 거기서 죽을 때까지 노닐고자 했는데, 이것이 석천(石泉)이다. (丙戌〔先生四十九歲〕. 就宅西構小齋, 揭號冲齋, 又於西巖上, 立榭六間, 環以池水, 是爲靑巖亭. 所居洞門外, 淸流白石, 幽夐絶塵. 先生愛其奇勝, 累石成砌, 擬築榭, 徜徉爲終老之計, 是爲石泉).', 『冲齋集』 「冲齋先生年譜」.

89) '……西楣扁 曰冲齋 東楣扁 曰近思齋 以冲齋 先生道號 而近思錄 又是先生平日愛用之書 後人並爲表揭於先生所居之齋……', 『酉谷誌』, 「近思齋」.

90) 충정공(忠定公) : 권발(權橃)을 말한다.

91) 초계공(草溪公) : 사근역찰방(沙斤驛察訪)을 지낸 권수(權守)를 가리킨다.

92) '……南軒外植三松 長與屋齊 楹北巖隙 有黃楊自生 屈曲不長 間蒔菊數叢 池岸立松檜栢古木各 一楂牙半枯 度石梁臨池得三楹 爲先祖燕居之室 卽冲齋 齋與亭 相對而稍低……', 『酉谷誌』, 「靑巖亭記」.

93) 「先生手書木片識」 『酉谷誌』.

94) 초간정은 당나라의 시(詩) '흐르는 물가에 자란 그윽한 풀포기가 홀로 애처롭다'라는 구절과 주돈이(周敦頤)가 말한 '수면에 이는 잔잔한 물결의 흔들림'이라는 정취를 의미한다.

95) 사마천(司馬遷) : 한(漢)나라 사람으로 자(字)는 자장(子長). 태사령(太史令)・중서령(中書令)을 지냈고, 저서로 『사기(史記)』 130권이 있음.

96) 『춘추(春秋)』 : 공자가 편술한 것으로 전해지는 춘추시대의 간략한 편년사(編年史)로, 대의명분을 밝힌 미언오지(微言奧旨)가 담기어 있다 하여 유가(儒家)에서는 중요한 경전 중 하나로 받들었다.

97) 권문해(權文海), 『초간선생문집(草澗先生文集)』, 「부록・초간정술회(附錄・草澗亭述懷)」.

98) "숭정 57년(1686) 10월 임자(壬子) 13일(甲子) 흥농(興農 : 현재 대전광역시 동구 가양동 지역)에 있는 서재로 옮겨 우거하였다. 흥농은 선생이 초년에 강도(講道)하던 곳인데, 학자들이 서당을 지어 능인암(能仁菴)이라 이름 붙였다. 또 선생이 수석(水石) 사이에 작은 서재를 지었는데, 이때 남간정사(南澗精舍)란 현판을 걸고 또 주자(朱子)의 남간시(南澗詩) 한 구절을 써서 문 위에 걸었다. (十月 壬子 甲子, 移寓興農書齋. 興農, 先生初年講道之所也, 學者爲築書堂, 名曰能仁菴. 而先生嘗就水石間搆小齋, 至是扁以南澗精舍, 又書朱子南澗一絶, 揭之楣

間.)"『宋子大全』附錄 제10권 年譜 9.

99) 김복기·윤영활, 「정사의 형성배경과 공간특성에 관한 연구」, 한국정원학회지 제10권 제1호, 1992.6. pp.34~36.

100) 홍형순, 「남간정사 원림의 특징과 조영배경」, 한국전통조경학회지 제23권 제1호, 2005.3. p.7. 현재 남간정사 정면 기둥의 주련은 이 시를 쓴 것이다.

101) '維此興農 卽我先祖尤菴先生初年卜居之地 而頗有林壑之勝 且有能仁菴舊址 菴卽當時及門諸公所嘗肄業之所也 崇禎丙午 先生移住華陽 則菴遂以廢……', 「宗晦祠事實記」, 『雲坪集』

102) 정재훈, 『한국전통의 원』, 조경, 1996. p.236.

103) 宋達洙, 「南澗精舍重修記」, 1858. 홍형순, 「남간정사 원림의 특징과 조영배경」, 한국전통조경학회지 제23권 제1호, 2005.3. p.9 참조.

104) 농산(農山) : 산 이름. 공자가 자로(子路), 자공(子貢), 안회(顔回) 등과 함께 이 산에 올랐다. 남간정사 주변의 산을 농산에 빗댄 것이다.

105) 운곡(雲谷) : 복건성(福建省) 건양현(建陽縣) 서쪽에 있는 산. 본래 이름은 노봉(蘆峯)인데, 주자(朱子)가 그곳에 회암초당(晦庵草堂)을 짓고 글을 읽으며 운곡이라고 고쳤다. 남간정사 주변의 산을 운곡에 빗댄 것이다.

106) 『성담선생집(性潭先生集)』 권15, 「남간정사중건상량문(南澗精舍重建上樑文)」.

107) 남간사유회, 『남간사지』, 이화출판사, 1998. 홍형순, 「남간정사 원림의 특징과 조영배경」, 한국전통조경학회지 제23권 제1호, 2005.3. p.4에서 재인용.

108) 바닥 높이를 다르게 처리한 것은 영호남의 정자에서 쉽게 보이지 않는 특징이다. 김동욱, 『조선시대 건축의 이해』, 서울대학교 출판부, 1999. pp.147~150.

109) '……自丙午秋 先生多在華陽洞 愛其澄潭白石瀑布蒼壁 曰 無非水也 而此山之淵澄者綠碧焉 無非石也 而此山之盤石則潔白焉 極可愛也 又曰 夜半萬籟俱寂之時 臥聽窓間水聲淙淙 可見靜中涵動底意思也 又曰 葩谷不如仙遊洞之幽僻瀑布也 仙遊洞不如葩谷之平鋪敞豁也 人之稟質學問互相不同者 亦多如此', 「語錄 崔愼錄 下」, 『宋子大全』 부록 권18.

110) 곡운(谷雲) : 조선 후기의 문신·성리학자인 김수증(金壽增). 자는 연지(延之). 곡운은 호이다. 김상헌(金尚憲)의 손자이다. 저작에 『곡운집』이 있다.

111) 팔분체(八分體) : 서체의 종류로 한대(漢代)의 예서(隷書). 진(秦)나라 때 왕차중(王次仲)에 의하여 만들어졌다고 한다.

112) 『송자대전(宋子大全)』 권96, 「이동보에게 답함(答李同甫)」 정묘년(1687) 5월 3일.

113) 소쇄원 30영 : 소쇄원(瀟灑園)·지석리(支石里)·오곡문(五曲門)·봉황암(鳳凰巖)·자죽총(紫竹叢)·후간장(帳竿場관덕사)·오암정(鰲巖井)·바리봉(鉢裏峰)·황금정(黃金亭)·창암동(蒼巖洞)·옹정봉(瓮井峰)·고암동(鼓巖洞)·가재등(加資嶝)·장자담(莊子潭) : 죽림사(竹林寺)·산리동(酸梨洞)·석구천(石臼泉)·통사곡(通仕谷)·영지동(靈芝洞)·할미봉(鵂鶹崖)·장목등(長木嶝)·한벽산(寒碧山)·제월당(霽月堂)·광풍각(光風閣)·애양단(愛陽壇)·대봉대(待鳳臺)·착목교(擢木橋)·부훤당(負暄堂)·한천사(寒泉舍)·진사록(進賜麓).

114) 소쇄원 48영 : 小亭憑欄, 枕溪文房, 危巖展流, 負山鼈巖, 石逕攀危, 小塘魚泳, 刳木通流, 春雲水碓, 透竹危橋, 千竿風響, 池臺納涼, 梅臺邀月, 廣石臥月, 垣竅透流, 杏陰曲流, 假山草樹, 松石天成, 遍石蒼蘚, 榻巖靜坐, 玉湫橫琴, 洑流傳盃, 床巖對棋, 脩階散步, 倚睡槐石, 槽潭放浴, 斷橋雙松, 散崖松菊, 石趺孤梅, 夾路脩篁, 迸石竹根, 絶崖巢禽, 叢筠暮鳥, 壑渚眠鴨, 激湍菖蒲, 斜簷四季, 桃塢春曉, 桐臺夏陰, 梧陰瀉瀑, 柳汀迎客, 隔澗芙蕖, 散池蓴芽, 襯澗紫薇, 滴雨芭蕉, 映壑丹楓, 平園鋪雪, 帶雪紅梔, 陽壇冬午, 長垣題詠.

연못

The ponds

지(池)는 일반적으로 못, 연못을 말하며, 당(塘)은 물을 담기 위해 둑을 쌓아서 만든 것이다. 이러한 지당이 합쳐져 쓰인 연못에는 작은 못인 소당도 있다. 그리고 옛 연못을 만들고 즐겼던 풍경과 멋은 특히 조선시대 시문들에서 많이 볼 수 있다.

백련당 연못 (전남 강진군 성전면 금당리)

연못
The ponds

지당(池塘)

지(池)는 일반적으로 못, 연못을 말하며, 당(塘)은 물을 담기 위해 둑을 쌓아서 만든 것이다. 이러한 지당이 합쳐져 쓰인 연못에는 작은 못인 소당도 있다. 그리고 옛 연못을 만들고 즐겼던 풍경과 멋은 특히 조선시대 시문들에서 많이 볼 수 있다.

김창업(金昌業)의 '또 이섭의 운에 차운함(又次李生 涉韻)'에 의하면 연못에는 물고기를 기르고, 연꽃, 홍련, 부용, 부들, 여귀꽃이 피어 있고 버들빛이 있어서 강호의 경치를 느끼게 한다.

作此池塘幾歲來 이 지당을 만든 지 몇 해가 흐르니
凌霄石上欲生苔 우뚝한 바위에 이끼가 나려 하네.
心閑不歎身多病 마음 한가로워 몸에 병 많아도 한탄하지 않으니

已見紅蓮五度開 이미 홍련(紅蓮)이 다섯 번 피는 것을 보았네.

『노가재집(老稼齋集)』 권2

윤기(尹愭)의 '학일이씨유서기(鶴逸李氏幽棲記)'에서는
"좋은 동천(洞天) 한 곳에 자리를 잡고 푸른 산, 흰 구름, 오래된 소나무와 흐
르는 물 사이에 집을 두며, 문 앞엔 좋은 밭 몇 이랑이 있어 부지런히 밭을 갈고,
뽕나무를 키운다. 동산에는 여러 가지 과일이 있고 채마밭엔 갖가지 채소가 있
으며 섬돌 앞뜰에는 온갖 꽃이 심어져 있어 철따라 각기 그 모습을 뽐낸다. 지
당(池塘)에는 부용(芙蓉)이 자라고 그 사이에 물고기가 노닌다."
고 했다.

정유일(鄭惟一)의 '퇴계선생언행통술(退溪先生言行通述)'에서
는
"(전략) 만년에는 도산(陶山)의 아래와 낙수(洛水)[115]가에 땅을 택하여 집을

명옥헌 연못(전남 담양군 고서면 산덕리)

지어 책을 보관하고 화목(花木)을 심고, 지당(池塘)을 파서 마침내 도옹(陶翁)으로 호를 고쳤으니, 대개 장차 노년을 지낼 곳으로 삼으신 것이다."

〈원 문〉

退溪先生言行通述

(전략) 晚卜地於陶山之下洛水之上 築室藏書 植以花木 鑿以池塘 遂改號陶翁 蓋將爲終老之所也.

『문봉선생문집(文峯先生文集)』 권4

지당의 풍광을 읊은 이식(李湜)의 '연못을 파다(鑿池)'에는

新鑿池塘水半篙 새로 지당(池塘)을 파 상앗대[116] 반쯤 물을 채우니

却疑身世在江湖 이 몸이 강호(江湖)에 있는 듯하네.

人言靜裏堪垂釣 사람들은 고요하니 낚싯대 드리울 만하다 말하고

我道閑中可養蒲 나는 한가로워 부들을 키울 만하다고 말하네.

霽後白雲生鏡裏 눈 그치자 흰구름이 거울 같은 못에 비치고

夜深明月落庭隅 밤 깊으니 밝은 달이 뜰 귀퉁이에 떨어지네.

『사우정집(四雨亭集)』 상권

정약용(丁若鏞)의 '지각(池閣)' 시에서는 지당에 연꽃, 버들, 부들이 있다.

서거정(徐居正)의 '연당만금(蓮塘晚唫)'에는

雨餘殘靄滴巾紗 비 뒤의 남은 안개는 오사모[117]에 떨어지는데

1 경복궁 향원정지   2 경복궁 향원정지 입수구

晚立池塘數還鴉 저물녘 지당(池塘)에서 가는 까마귀를 세노라니

一陣長風雲散盡 한바탕 거센 바람에 구름은 다 흩어지고

月光和水浸荷花 달빛 섞인 못물에 연꽃 그림자 푹 젖누나.

『사가시집(四佳詩集)』 권28

지당의 거울처럼 맑은 수면 위로 작은 배가 베틀 북마냥 이리저리 바삐 오간다 한다.

유당(柳塘)　　이산해(李山海)

萍葉聚還散　부평초는 모였다간 다시 흩어지고

柳絲搖更斜　실버들은 흔들리다 다시 비끼누나.

小舟明鏡裏　거울처럼 맑은 수면 위로 작은 배가

來去若飛梭　베틀 북마냥 이리저리 바삐 오가네.

『아계유고(鵝溪遺稾)』 권2 「기성록(箕城錄)」

정조(正祖)는 '내원상화조어(內苑賞花釣魚)'에서 아름다운 지당 풍광을 읊었다.

花木重重合　꽃나무는 겹겹이 서로 섞여 있고

池塘灩灩新　지당(池塘) 물은 출렁출렁 싱그러워라.

『홍재전서(弘齋全書)』 권6

소당(小塘)

이만부(李萬敷)가 쓴 「노곡기(魯谷記)」에는 집 앞 몇 걸음 되는 곳에 개울물을 끌어다 소당인 작은 못을 파고 연꽃을 심는 등 집 안팎의 원림의 풍경과 정취가 잘 나타나 있다.

(전략) 서당의 동쪽은 내가 집터로 점찍어 둔 곳이었다. 개울 동쪽에 집을 지어 집안 사람들을 살게 하고, 개울 서쪽에 작은 집을 지어서 한가로이 쉴 수 있는 곳으로 삼았다. 집은 두 칸으로 동쪽에 창을 내고 북쪽에 요사채를 지었다.

집은 '천운(天雲)'이라고 이름하고, 요사채는 '양호(養浩)'라고 하였다. 그리고 집 앞으로 몇 걸음 되는 곳에는 개울물을 끌어다 작은 못을 파고 연꽃을 심었다. 못의 이름은 '조감(照鑑)'이라고 하였으니, 집의 이름은 이런 연유로 지은 것이다.

동쪽으로 몇 걸음 거리에 개울을 건널 수 있게 돌로 다리를 만들어 내실과 통하게 하였다. 다리 이름은 '종정(淙淨)'이라고 하였다. 다리의 동북쪽에는 오래된 나무들이 그늘을 드리웠기에 사(社:土壇)를 만들어 쉴 만하였다. 사(社)는 '영귀(詠歸)'라 하였다.

못의 서쪽에는 작은 바위가 있었는데 평탄하여 앉을 수 있었다. 연꽃이 만개할 때가 되면 굽어보며 맑은 향기를 쐬었다. 바위 이름은 '애련(愛蓮)'이라고 하였다…… 개울을 따라서 남쪽으로 열 걸음 정도 올라가면 작은 재실을 두어 배우러 오는 사람들이 공부할 곳으로 삼았다. 재실의 이름은 '양정(養正)'이라고 하였다. 또 서너 걸음 더 올라가면 울창한 수풀을 베어내고 기초를 닦아 작은 정자를 짓고자 했으나 아직 겨를이 없다. 정자의 이름은 '간지(艮止)'라고 해두었다. 그 앞에 한 길쯤 되는 바위가 있는데, 옆에는 평평한 바위가 있다. 넓은 것이 대(臺)와 같아 몇 사람이 앉을 수 있을 정도였다. 개울이 바위틈으로 흘러나온다. 그 대(臺)를 '고반(考槃)'이라고 하였다.

동쪽에 언덕을 토대로 단(壇)을 쌓고, 오래된 소나무를 심었다. 단은 '세한(歲寒)'이라고 이름 붙였다. 개울이 산 아래로 수십 보 거리를 땅속에서 흐르다가 고반에 이르러서 다시 솟아나온다. 그러므로 '복천(伏泉)'이라고 하였다. 집 동쪽 개울 너머에 괴석을 쌓고 그 사이에 꽃과 나무를 심었다. '적석(積石)'이라고 이름 지었다. 또 내곡(內谷) 옆에는 길이 뚫려 있는데 막힘이 없었다. 외곡(外谷)은 산에 가까워서 조용하면서도 험난하였다. 그러므로 내곡을 '동로곡(東魯谷)', 외곡을 '서로곡(西魯谷)'이라고 고쳐 이름 지었다. 모두 합하여 '식산정사(息山精舍)'라고 이름 지었다. (후략)

〈원 문〉「魯谷記」

(전략) 書堂之東, 卽余所占者也. 澗東搆屋, 以容家衆, 澗西築小堂, 爲燕息之所. 堂凡二間, 東牖北寮, 堂曰'天雲', 寮曰'養浩'. 堂前數步, 引澗鑿小塘植蓮, 塘曰'照鑑', 堂之得名由此也. 東數步, 跨澗以石 爲小橋, 通內室, 橋曰'淙淨'. 橋東北, 古木交陰, 築社可息, 社曰'詠歸'. 塘西小巖, 平夷可坐 方芙蕖盛開, 俯襲淸香, 巖曰'愛蓮'…… 又上三四步, 剪蓊翳闢基砌, 欲搆小亭而未暇, 亭曰'艮止'. 前有立石僅丈餘, 傍大石盤, 衍如壇, 可坐數人, 澗從石竇而出, 臺曰'考槃'. 東因陂築壇, 植古松, 壇曰'歲寒', 澗旣下山數十步伏流, 至考槃復湧, 故曰'伏泉'. 堂東越澗, 累恠石, 間植卉草, 名曰'積石'. 且內谷傍孔道, 無所遮蔽, 外谷近山, '宅幽勢阻, 內外不稱, 故改內曰'東魯谷', 外曰'西魯谷', 總以名之曰'息山精舍'. (후략)

『식산선생집(息山先生集)』 별집 권1 「누항록(陋巷錄)」

1 창덕궁 애련정지   2 애련정지 입수구

장현광(張顯光)의 '지산조공행상(芝山曹公行狀)'에서는 당의 남쪽에 작은 연못이 있었는데 공은 도화담(桃花潭)이라고 명칭하고 는 작은 배를 마련해 두었으며, 못가에 별도로 한 칸의 집을 세워… 오른쪽에는 단(壇)을 하나 만들어 꽃나무와 대나무를 심어 놓고… 작은 연못을 옆에 파고 연꽃 몇 그루를 심었으며, 또 지어대(知魚臺) 를 서편에 쌓았다.

(전략) 堂南有小池, 名以'桃花潭', 置小艇, 池岸別立一間, 揭號'玩餘', 右築一 壇, 種以花竹, 名以'忘懷'. 又鑿小塘于傍, 種蓮數莖. 又築'知魚臺'於西偏, 其東 有'峽口巖'·'琮琤巖'·'逍遙石', 皆其所自命名者也. (후략)

　채제공(蔡濟恭)의 '유북저동기(遊北渚洞記)'에는 소당(小塘) 에서는 벽돌로 간략하게 만들고 산의 샘물을 끌어서 맑고 깨끗하며, 나무를 파서 물줄기를 나누고 거울 같은 수면과 물고기, 연꽃이 자라 고 샘을 파서 만들며 푸른 물결이 인다.

出惠化門, 循北城以折未數里, 洞呀然以開, 卽所謂北渚也. 纔入洞, 有壇面南 四出陛, 繚以短墻, 其門肜, 四之, 每歲春三月祭先蠶云, 行可百許步 居人橋其 川, 橋下衆水所會, 水泅泅有聲. 橋之南有谷, 不知淺深, 桃花團作錦障, 兩厓通 紅, 心以爲必有異也. 然姑捨之, 取直路行無幾, 又度橋抵御營屯, 庭宇頗寬, 屯 之外小塘甃以石, 制雖略, 繁花倒水其影不定. (후략)

　이만부(李萬敷)의 '운수당하공행장(雲水堂河公行狀)'에는

1 창덕궁 청심정의 빙옥지   2 창경궁의 통명전지와 입수구

(전략) 행우산(行牛山)[118] 아래에 집을 짓고 작은 못을 만들어 꽃과 대나무를
심었다. 주자의 천운활수(天雲活水)의 뜻을 취하여 '운수당(雲水堂)'이라 적
은 편액을 걸었다. 또 몇 리 떨어진 곳에 작은 집을 지어 '서하(西河)'라 이름
붙였으니 복자하(卜子夏)[119]가 서하로 물러나 살았던 뜻을 본뜬 것이다.

(전략) 築室於行牛山下, 開小塘植花竹, 取朱子天雲活水之義, 揭扁雲水堂. 又
小構在數里間, 名以西河, 倣卜子退居之義也.

이호민(李好閔)의 '하당만향(荷塘晚香)'에는

鑿泉得小塘 샘을 파 작은 못 만드니

荷花盪萬房 연꽃이 온 집에 가득하네.

梅徑秋蕭索 매화 가지는 가을엔 쓸쓸하니

卽此聞淸香 바로 이 맑은 향기 맡았기 때문이지.

김용(金涌)의 '송석에서 돌아오는 길에 세 절을 읊어 사제에게 부

침(自松石還路 口占三絶 追寄舍弟)·초당야월(草堂夜月)'에서는
茅屋秋宵耿不眠 초가에서 가을밤에 잠을 못 이루는데
小塘淸活引山泉 소당(小塘)은 산에서 샘물을 끌어와 맑고 깨끗하네.

소당을 만드는 기법

작은 못을 만들어 꽃과 대나무를 심고, 샘을 파 작은 못 만드니 연
꽃이 온 집에 가득하네. 소당(小塘)은 산에서 샘물을 끌어와 맑고 깨
끗하다고 했다.

송준길(宋浚吉)의 '이일경에게 답하다(答李一卿)'에서는
서원(書院)의 일꾼과 일하는 승려가 오는 대로 바위를 옮기고, 힘이 남아 작은
연못을 파서 가느다란 샘물을 끌어들였습니다. 산허리에서부터 언덕 몇 개를
넘어와 새로 지은 집의 섬돌까지 콸콸 소리를 내며 흐르니……
院助與役僧, 依到輪石, 餘力鑿得小池塘, 引細泉, 從山腰踰數岡, 循新堂階除,
瀄瀄有聲

김안국(金安國)의 '행장(行狀)'에서는
(전략) 그 앉은 자리 곁에 벽돌을 쌓아 한 말 정도의 소당(小塘)을 만들고 그
곳으로 물을 끌어다 대어 막은 물고기를 풀어놓고 감상하셨다. 하룻밤은 문인
들이 모시고 앉아 있었는데 밤이 되자 인기척도 없이 고요하여 물고기들이 뛰
노는 소리만 들렸다…… 또 초당 한 채를 지어 '팔이(八怡:여덟 가지 즐거움)'
라는 편액을 걸어두었으니, 첫 번째 즐거움은 '회암당(晦庵堂)',[120] 두 번째
는 '염계련(濂溪蓮)',[121] 세 번째는 '강절풍(康節風)',[122] 네 번째는 '장주어

(莊周魚)', [123] 다섯 번째는 '장한순(張翰蓴)', [124] 여섯 번째는 '영운초(靈運草)', [125] 일곱 번째는 '연명류(淵明柳)'[126]요, 여덟 번째는 '태백월(太白月)'이었다.(후략)

(전략) 於坐側, 甕甀作小塘如斗, 引水注其中, 放小魚而觀之. 一夕有門人侍坐, 至夜靜人絶, 魚躍有聲, 公曰:"大小雖異, 自樂則同, 且靜中有動, 是吾所樂者." 又構草堂, 扁曰"八怡", 一晦庵塘, 二濂溪蓮, 三康節風, 四莊周魚, 五張翰蓴, 六靈運草, 七淵明柳, 八太白月.

이익(李瀷)의 '칠탄정16경·소당고하(七灘亭十六景·小塘孤荷)'에서는

半畝池成養活泉 반 이랑짜리 못을 파고 흐르는 샘물 담아

根移太華幾多年 태화(太華:연) 뿌리 옮겨 심은 지 몇 년이나 되었나?

亭亭出水香尤遠 꼿꼿이 물에서 솟아나자 향기 더욱 멀리 퍼지니

始信濂溪獨愛蓮 비로소 주렴계(周濂溪)가 유독 연꽃 아꼈던 이유 알겠네.

정호(鄭澔)의 '함평 윤 선생께 드린 시서(贈咸平尹生詩序)'에서는
(전략) "내가 기거하는 곳 앞에 작은 못을 하나 팠네. 그 못에 섬을 만들고 그 섬에는 매화나무를 심었는데 모두 네 그루라네. 예전에 우암 선생[127]께서 탐라로 귀양을 가실 적에 내가 길가에서 뵙고 당호(堂號)를 지어달라고 하였는데 선생께서 '사매(四梅)'라고 써주셨네. 이것을 가지고 돌아가 문미에 걸어두고 아침저녁으로 보면서 선생을 사모하였네."(후략)
(전략) "吾所居堂前, 鑿一小塘, 塘有島, 島各栽梅樹, 合四株. 昔年老先生有耽羅之行, 吾邀拜於路左, 請題堂號, 先生命以四梅而題之, 奉而歸揭堂楣, 以爲朝

夕寓慕之資."(후략)

이준(李埈)의 '시문 환성헌 소서를 붙임[喚醒軒(幷小序)]'에서는 마침 동헌(東軒)의 귀퉁이에 가 보니 깨끗하고 시원한 샘물이 있었다. 끌어다 못으로 만들 만하였다. 그리하여 역리(役吏)들을 시켜 샘을 터서 뜰로 흐르게 하여 동쪽 뜰에 작은 못을 만들고 담장을 두르고 섬돌을 쌓았으니, 그 모양새를 갖추긴 했으나 미비하였다. 그리고는 '환성(喚醒)'이라고 이름 지었다.

適履及軒隅, 有蒙泉清冽, 可引以爲池. 迺役吏輩疏鑿, 東庭爲小塘, 周垣曲砌 亦具體而微, 旣名以喚醒.(후략)

가느다란 샘물을 끌어들여서 작은 연못을 팠다. 벽돌을 쌓아 한 말 정도의 소당(小塘)을 만들고, 그곳으로 물을 끌어다 대어 작은 물고기를 풀어놓고 감상한다. 반 이랑짜리 못을 파고 흐르는 샘물 담아 태화(太華:연) 뿌리 옮겨 심고, 기거하는 곳 앞에 작은 못을 하나 파고 그 못에 섬을 만들고 그 섬에는 매화나무를 심었다. 깨끗하고 시원한 샘물 끌어다 못으로 만들고 담장을 두르고 섬돌을 쌓았다. 철철 흐르는 도랑물을 끌어다가 연꽃 핀 반 이랑짜리 못에 대고, 시냇물을 끌어당겨 몇 이랑 정도의 연못을 만들고, 세 칸짜리 정자가 서 있다.

이식(李植)의 '기서당구기(記書堂舊基)'에는 시냇물을 끌어당겨 몇 이랑 정도의 연못을 만들었으며, 세 칸짜리 정자가 서 있었다. 그리고 그 북쪽으로 삼중(三重)짜리 계단이 있는데, 각종 화초와 수목을 심었던 곳이다.

(전략)引水爲蓮塘可數畝, 有亭三間, 北有三重階, 種花木處也.

연꽃을 사랑해 일부러 옮겨다 놓고 흐르는 샘 한 줄기를 가늘게 못
에 대었다. 층층 자갈을 쌓아 나는 샘 막아 놓았다. 못 파고 개울물 끌
어다 대고 버드나무 심고 낮은 울타리로 보호한다고 한다

차봉중씨 2수(次奉仲氏二首)　정약용(丁若鏞)
爲愛芙蕖用意移　연꽃을 사랑해 일부러 옮겨다 놓고
飛泉一道細通池　흐르는 샘 한 줄기를 가늘게 못에 대었네.
千重傘蓋煙銷後　연기 가신 후 일산 같은 나무가 짙게 드리우고
萬顆跳珠雨過時　비온 뒤엔 구슬 튀듯 만 개의 물방울이 맺히네.
『서(與猶堂全書)』권2

다산화사(茶山花史)　정약용(丁若鏞)
舍下新開稅外田　집 아래 새로 세금 없는 밭 개간하고
層層細石閣飛泉　층층 자갈 쌓아 나는 샘 막아 놓았네.
『여유당전서(與猶堂全書)』권5

김창협(金昌協)의 '유송경기(游松京記)'에서는
(전략) 못은 사당의 오른편으로 열 걸음쯤 거리에 있었다. 맑고 깊어서 바닥이
보여서 흰 조약돌들이 물결 사이로 반짝거렸다. 물가에 바위가 있었는데, 위
가 평평해서 사람 수백 인은 앉을 수 있을 정도였다. 그 동쪽으로 푸른 절벽이
빙 둘러 있었고, 소나무 숲이 이를 덮고 있었다. 산 석류나무가 만개하여 못 수

면에 비췄으니, 그 흥취가 완상할 만하였다. (중략) 계단 아래에 석천(石泉)을 끌어다 나무 가운데를 파 홈통을 만들어서 물을 대는데 그 맛이 매우 시원하였다. (후략)

(전략) 潭在祠右十許步, 淸深見底, 白礫磷磷, 有石磯高圓, 上平可坐數十百人, 其東翠厓環擁, 松樹被之, 山榴方盛開, 倒影潭底, 致復可玩也, (중략) 階下引石泉, 注劚木中, 味甚淸洌. (후략)

김안국(金安國)의 '잡흥(雜興)'에서는

其二

劚木橫絶壑 나무 파서 깊은 골짝에 걸쳐 놓고
斲石夷險危 돌 깎아 험한 부분을 평평히 하고
引彼幽澗水 저 그윽한 시냇물 끌어다
注此方畝池 이 한 이랑짜리 못에 물을 대네.

계단 아래에 석천(石泉)을 끌어다 나무 가운데를 파 홈통을 만들어서 물을 대는데 그 맛이 매우 시원하였다. 그윽한 시냇물 끌어다가 이 한 이랑짜리 못에 물을 댄다.

송상기(宋相琦)의 '유북한기(遊北漢記)'에서는

개울물을 끌어다 위 아래로 두 개의 못을 팠는데 자못 맑고 깨끗한 기운이 있었다.

(전략) 稍迤而上, 有臨陽君溪亭, 引澗水, 鑿上下兩池, 頗覺蕭洒. (후략)

김시습(金時習)의 '죽견(竹筧)'에서는

剖竹引寒泉 대나무 쪼개어 찬 샘물 끌어오니

琅琅終夜鳴 밤새도록 졸졸 울어대네.

轉來深澗涸 갈수록 깊은 시냇물이 말라가니

分出小槽平 지류를 나누어 작은 수조에 채우네.

細聲和夢咽 가느다란 소리는 꿈결에 흐느끼는 듯

淸韻入茶烹 맑은 운치에 차를 넣어 달이네.

임억령(林億齡)의 '서하당(棲霞堂) 석정(石井)'에서는

甃石以爲池 돌담 쌓아 못 만들고

强名之曰井 억지로 우물이라고 이름 지었네.

山風午起文 산에서 바람 불자 언뜻 물결 일어나

松月新磨鏡 거울 같은 수면에 소나무와 달이 비치네.

『석천선생시집(石川先生詩集)』 권4

대나무 쪼개어 찬 샘물 끌어오니 밤새도록 졸졸 울어댄다. 가느다란 소리는 꿈결에 흐느끼는 듯 맑은 운치에 차를 넣어 달인다. 돌담 쌓아 못 만들었다.

연당(蓮塘), 연지(蓮池), 하지(荷池)

연당(蓮塘), 연지(蓮池), 하지(荷池)는 모두 연꽃이 피는 연못이다.

연꽃

민가 연못 경관의 극치는 연꽃이 피는 7,8월이 아닌가 한다. 이때의 연못은 숨 막히는 기분을 느끼게 한다.

연꽃은 불교를 상징하는 꽃이다. 열대성 기후대에 속한 인도 땅에 사는 사람들은 물이 있는 인더스강을 신성한 곳으로 여겼다. 불교에서는 가장 이상적인 삶의 터전, 즉 열반에 드는 것을 물이 불을 끄는 일에 비유한다. 뜨거운 불기둥 같은 땅에서 더위와 고통에 시달리다가 시원한 연못이 있는 곳으로 가는 것을 최고의 안락으로 생각했다.

『무량수경(無量壽經)』에 의하면 '극락세계의 보련화(寶蓮華)[128]에는 "백천억 개의 잎이 있고 그 잎에는 수많은 광명이 비치며, 하나하나의 빛에서 부처가 나타난다."고 적고 있다. 또 「대아미타경(大阿彌陀經)」에는 "목숨이 다한 뒤에 극락세계로 가거나 칠보로 장식된 연화세계에 다시 태어난다."고 했다.

불교에서는 연꽃이 피는 세계를 낙원으로 본다. 『화엄경(華嚴經)』에는 향수가 가득한 바다에 거대한 연꽃이 떠 있고 그 연꽃 속에 비로자나여래가 사는 화장장엄세계해(華藏莊嚴世界海)가 있다고 한다.

주돈이(周敦頤)의 「애련설(愛蓮說)」은 연꽃에 대한 예찬을 통하여 명리를 탐하는 세속의 풍조에 휩쓸리지 않는 고고한 군자 정신을 드러내고 있다.

"물이나 땅에서 자라는 초목의 꽃은 사랑스러운 것이 아주 많다.··· 나는 연꽃을 특별히 사랑하는데, 연꽃은 진흙 속에서 자라지만 더러움에 물들지 않으며, 맑고 잔잔한 물에 씻겨 청결하되 요염하지 않으며, 줄기 속은 비었으되 겉은 곧으며, 덩굴도 뻗지 않고 가지도 치지 않으며, 향기는 멀리 갈수록 더욱 맑아지며, 꼿꼿하고 맑게 심어져 있어, 멀리서 바라볼 수는 있어도 얕잡아 보아 함부로 다룰 수는 없다··· 연꽃은 군자를 상징하는 꽃이다(蓮花之君子者也)".

화지군자는 연꽃을 상징하며, 반대로 연꽃이 군자를 상징하는 말로 사용되기도 한다.

익청(益淸)이란 주돈이(周敦頤)의 「애련설」에 나오는 '향기는 멀어질수록 더욱 맑아진다(香遠益淸)'는 의미이다. 작은 못에는 홍련(紅蓮)과 백련(白蓮)이 피고, 연꽃의 푸른 잎과 붉은 꽃이 아름답게 느껴진다.

연은 인도, 중국 남부와 동남아시아에서부터 남쪽으로 호주의 북부, 유라시아 끝인 카스피해에 걸쳐 자란다. 7,000만 년 전 고대 백악기(白堊紀) 지층에서 화석으로 발견될 정도로 오래된 식물이다. 불경에는 4가지 색깔의 연꽃이 등장한다. 즉 홍련화(紅蓮華), 청련(淸漣), 황련(黃蓮), 백련(白蓮)이 있다.

불경에서는 연꽃과 수련을 뚜렷하게 구분하지 않고 있다. 당시에는 연못 속에서 자라는 연꽃과 수련을 함께 성화(聖花)로 여긴 듯하다.

우리나라와 일본에서는 연꽃을 연(蓮)이라 쓰지만 중국에서는 연(蓮)보다 하(荷)로 쓴다. 蓮과 荷 모두 연꽃을 뜻한다.

연꽃을 다른 말로 '정우(淨友) 또는 화중군자(花中君子)'라고 하여 사군자에 넣기도 한다.

꽃만을 말할 때는 하화(荷花) 또는 부용(芙蓉)이라 한다.

『산림경제』에는 "연은 붉은 꽃과 흰 꽃이 있는데 붉은 꽃이 피는 연과 흰 꽃이 피는 연을 함께 섞어 심으면 안 된다. 흰 꽃의 연이 성(盛)하면 붉은 꽃의 연은 반드시 쇠잔해지므로 한 못 안에 심어야 할 경우에는 꼭 간격을 띄어 양 쪽에 나누어 심어야 한다. 연실(蓮實)을 푸른 빛깔의 독 속에 넣어 놓았다가 겨울을 난 뒤 심으면 푸른 꽃이 피는 연이 난다."고 하였다.

우리나라에서 가장 일반적으로 많이 피는 연꽃의 색깔은 붉은색이다. 이 붉은 연꽃에 얽힌 다음과 같은 이야기가 전해진다.

고려 충선왕이 원에서 귀국할 때 정이 든 낭자에게 석별의 기념으로 붉은 연꽃 한 송이를 주었다. 그녀는 기약 없는 날을 기다리다가 마침내 조선으로 돌아가는 이익재(李益齋) 편에 연시 한 편을 적어 보냈다.

贈送蓮花片(증송연화편)

初來恢恢紅(초래회회홍)

辭枝今幾月(사지금기월)

惟猝與人同(유졸여인동)

떠날 때 주신 연꽃

처음에는 붉은빛이더니

꽃잎이 떨어져 줄기만 남았소
초췌한 모습이 사람과 같구료

전라도 지방에서 붉은색의 연꽃이 피는 대표적인 연못은 전남 화순 군 남면 사평리(沙坪里)에 있는 임대정(臨對亭) 연못이다.

이 임대정은 사애(沙厓) 민주현(閔胄顯) 선생의 문집에 있는 「임대정기(臨對亭記)」에 의하면 1500년대 말에 조성되었으며 그후 300년간 버려졌다가 1860년대 철종(哲宗) 때에 다시 조성된 곳이 다.

정자의 이름을 임대정(臨對亭)이라고 한 것은 송나라 유학자 주무 숙(周戊叔)의 '종조임수대여산(終朝臨水對廬山)' 즉 '아침 내 내 물가에서 여산을 대한다.'는 글에서 나온 것이다.

임대정이 있는 구릉부에는 조그마한 방지(方池)가 하나 있는데 중 앙에는 둥근섬이 하나 있다. 이 연못의 이름은 둘인데 하나는 피향지 이고 다른 하나는 읍청당이다. 피향지(披香池)의 피향(披香)은 연꽃 향기가 멀리 흩어진다는 뜻이며, 읍청당(挹淸堂)의 읍청(挹淸)은 연 꽃이 맑은 향기를 붙잡아 당긴다는 뜻이다.

정자 아래의 연꽃은 쌍지로서 두 부분으로 나누어져 있으며 각 연 못에는 섬을 만들었는데 오른편의 연못은 사각형에 가까우며 한 개 의 섬을, 왼편의 연못은 기다란 사다리꼴의 형태로 두 개의 섬을 가지 고 있다. 이 연꽃들에 붉은색의 연꽃이 피어난다.

흰 연꽃은 예부터 가장 고귀한 꽃으로 칭송받아 왔다.

전남 강진군 성전명 금당리(康津郡 城田面 金塘里) 백련당(白蓮

堂) 연못의 연꽃은 흰색이다. 이 연꽃은 80여 년 전에 붉은 꽃에서 흰 꽃으로 변했다고 한다.

원래 이 연못을 조성한 사람은 345년 전 이 고을에 첫 부임한 현감 이남(李楠)이었다. 그는 산수가 아름다운 이곳에 장방형의 연못을 파고 북쪽으로는 전각을 짓고 지냈다고 한다. 그리고 연못에서 파낸 흙을 중앙에 쌓아 작은 섬을 만들었다.

그 후에도 무성하던 연꽃은 100여 년 전에 이남의 10대손인 이창묵(李敞默)이 태어나기 3년 전에 모두 죽었다. 그러다가 후에 당대 최고 유학자로 존경받게 되는 이창묵이 태어나던 해 새로운 싹이 돋았다. 그 연꽃 싹은 잎을 피우고 그 해 여름 첫 꽃이 피었는데 흰색이었다고 한다. 그때부터 하얀색으로 피어난 연꽃은 지금까지 매년 흰색으로 피고 있다.

이창묵은 흰 연꽃에서 이름을 따 호를 백련(白蓮)이라고 짓고 금당지(金塘池)에 세워진 건물에 백련당(白蓮堂)이라는 현판을 달았다. 그리고는 이곳에서 조용히 책을 읽으며 시를 짓고 제자들을 가르치는 유학자의 삶을 누렸다.

앞에서는 연꽃이 피는 연못만을 이야기했지만 남도의 여름 연못에서는 연꽃과 더불어 연못가에서 한여름 붉고 아름답게 핀 배롱나무를 빼놓을 수 없다.

배롱나무는 목백일홍(木百日紅)이라고도 하는데 7월부터 9월까지 약 100일 동안 그 화려한 자태를 자랑한다.

연꽃이 피어 있는 연못가에 배롱나무가 함께 있는 분위기는 무릉도원이 따로 없다. 마치 선경(仙境)[129]에 비유할 수 있다고나 할까.

연당(蓮塘)·연지(蓮池)

연당(蓮塘)·연지(蓮池)는 우리 글로 말하면 연못이다.

이호민, 서거정, 강항의 시문에서는 못 옆에 은행나무가 있고 연못의 형태가 반달 모양도 있고 연못에는 푸른 연잎과 붉은 꽃이 피고 맑은 향기가 난다고 했다.

만향정팔경(晚香亭八景)·일지하향(一池何香)　　이호민(李好閔)
濂溪愛蓮花　주렴계는 연꽃을 사랑했는데
幽賞無人續　그윽한 감상 잇는 사람 없었네.
鑿池種植勞　못 파고 연꽃 심는 수고로움을
擬承君子德　군자의 덕 이어받는데 비기어 보네.
『오봉집(五峯集)』권1

연당즉사(蓮塘卽事)　　서거정(徐居正)
小塘新水서거저碧悠悠　작은 연못의 새 물은 아스라이 푸르른데
翠蓋紅粧晚色稠　푸른 연잎 붉은 꽃엔 저녁 빛이 농후하네.
『사가시집(四佳詩集)』권4
치헌 8영(癡軒八詠)　　강항(姜沆)
蓮池
癡翁不放愚泉出　어리석은 늙은이가 흐르는 우천(愚泉)[130]을 막고
鑿破蒼苔一席強　푸르른 이끼에 덮인 땅 한 자리를 파내었네.
十柄芙藥當伎女　연꽃 열 줄기로 기녀(妓女)를 대신하니

小軒風物不凄涼 작은 정자의 풍경이 처량하지 않구나.

『수은집(睡隱集)』 권1

하지(荷池)

김성일(金誠一)은 맑은 향기 나는 연꽃이 피는 연못인 하지를 시로 읊었다.

하지(荷池)

김성일(金誠一)

庭前開一鑑 뜰앞에 한 거울이 펼쳐져 있어

天光與雲影 하늘빛과 구름빛이 비치네.

曉來風颯然 새벽녘에 바람 살랑 불어서 오자

淸香連玉井 맑은 향기 옥 샘물에 연하네.

『학봉집(鶴峯集)』 권1

방지(方池)

조선시대 연못 특징은 방지원도(方池圓島)라고 한다. 네모난 연못에 둥근 섬이 있는데, 이것은 하늘은 둥글고 땅은 네모지다는 천원지방(天圓地方)사상과 둥근 것은 양이고 네모난 것은 음이라는 음양사상 등으로 풀이한다.

조구명(趙龜命)의 '백일홍수간제명기(百日紅樹榦題名記)'에는 청심당(淸心堂)의 서쪽과 동헌(東軒)의 북쪽에 돌을 쌓아 네모난 연못을 만

들었다. 관아 뒤에서 뇌계(㵢溪)의 물길을 끌어다 담을 뚫고 연못으로 통하
게 하였다. 연못 주변에는 푸른 대나무 숲이 울창하게 빙 둘러싸고, 연못 중앙
에는 가로 세로 각 2길쯤 되는 섬이 있는데 못의 3분의 2를 차지하고 있다. 거
기다 남동쪽으로 널빤지로 다리를 놓아 청심당과 동헌이 곧장 통하는 길을 만
들어 놓았다.

섬 중앙에는 땅에서 줄기가 솟아나온 백일홍 일곱 그루가 있다. 크기가 처마
보다 갑절이나 높고, 그늘이 연못 밖까지 덮었으니 연못이 섬을 안고 있는 것
과 같다. 선비들이 말하기를, "늦여름에 비로소 꽃이 피기 시작하면 노을처럼
흐드러지다가 9월쯤이 되면 지기 때문에 백일홍이라 한다."고 했다.

直淸心堂之西, 內東軒之北, 砌石而爲方池焉, 自衙後引㵢溪之派, 鑿墻通于
池. 又疏其南, 經衙庭而洩其潴. 環池翠竹蔥蒨, 池中有島, 橫縱各二丈, 占池
三之二, 以板橋其南東, 爲淸心東軒之徑路焉. 島中有百日紅樹, 拔地而爲幹者
七, 高之出於屋簷者倍之, 蔭之覆於池外者, 如池之抱島也. 蜿蜒糾結, 虬龍之
鬪也, 盤圓蒙鬱, 傘盖之張也. 士人云'夏末花始開, 爛然如蒸霞, 至九月而衰故
名.'(후략)

이식(李植)의 '금제군집구정기(金堤郡繫駒亭記)'에서는
군청에서 곧장 남쪽으로 50보(步)쯤 가면 사각형으로 판 연못이 있는데, 둘
레는 대략 백 보쯤 되고 수심(水深)은 자그마한 배 한 척을 띄울 정도이다. 그
안에 흙을 쌓아 섬을 만들었는데 연못의 4분의 1을 차지한다. 그리고 섬 위에
기둥 네 개짜리 작은 정자를 세우고 그 정자를 빙 두른 구부러진 난간을 설치
하였는데, 가로질러 나무다리를 놓아서 못으로 들어가게 하였다. 그리고 사
방 모퉁이에 부용꽃을 심어 놓고 갈대를 엮어 울타리를 세우고는, 그 안에 숯

아나온 땅을 깎아서 섬돌을 만들어 대나무 1,000여 그루를 심어 놓았다… '칩
구(繁駒)'라 편액을 걸어놓았으니…'칩구(繁駒)'는 손님을 못 가게 만류한
다는 뜻이다

直郡廡南五十步, 鑿方池, 緣廣約百步, 深可負小舠, 其中築土爲洲, 占池廣四
之一, 洲上起小亭只四楹, 設周阿曲欄, 橫小板橋, 以入池中, 種芙蕖四隈, 編荻
爲籬, 籬內削凸爲砌, 樹竹千餘竿, 總而扁之曰'繁駒'者…… 其稱繁駒, 志留賓
也.

　박지원(朴趾源)의 '주영렴수재기(晝永簾垂齋記)'에서는
주영렴수재(晝永簾垂齋)는 양군 인수(梁君仁叟)의 초당(草堂)이다. 집은
푸른 벼랑 늙은 소나무 아래 있다. 기둥 여덟 개를 세워 그 안을 막아 깊숙한
방을 만들고 창살을 성글게 하여 밝은 마루를 만들었다. 그리고 높게 층루(層
樓)를 만들고, 아늑하게 협실(夾室:곁방)을 만들고, 대 난간을 두르고 띠풀로
지붕을 이었으며, 오른쪽은 둥근 창문으로, 왼쪽은 교창(交窓)[131]으로 만들었
다. 집의 몸체는 작지만 갖출 것은 갖추었고, 겨울에는 밝고 여름에는 그늘이
졌다. 집 뒤에는 10여 그루의 배나무가 있고 대 사립 안팎은 모두 오래된 은행
나무와 붉은 복숭아나무였으며, 하얀 돌이 앞에 깔려 있었다. 맑은 시냇물이
급히 흐르니, 먼 샘물을 섬돌 밑으로 끌어와 방지(方池)를 만들었다.(하략)
晝永簾垂齋, 梁君仁叟草堂也. 齋在古松蒼壁之下. 凡八楹, 隔其奧, 爲深房, 疎
其櫺, 爲暢軒. 高而爲層樓, 穩而爲夾室, 周以竹欄, 覆以茅茨. 右圓牖, 左交窓.
體微事備, 冬明夏陰. 齋後有雪梨十餘株, 竹扉內外, 皆古杏緋桃, 白石鋪前, 淸
流激激, 引遠泉入階下, 爲方池.(하략)

홍양호(洪良浩)의 '우이묘산기(牛耳墓山記)'에서는

(전략) 정유년(丁酉：1777년)에 나는 조정에 편안히 있지 못하여 사직하고 교외에 살았다. 7칸짜리 외사(外舍)를 짓고, 냇가 쪽에 작은 누각을 세워 '겸산(兼山)'이라고 편액을 걸어놓았다. 천관산(天冠山) 봉우리에서부터 발원한 개울물이 묘산(墓山)을 끼고 남쪽으로 흘러 오른쪽 산등성이를 감돌아 우이대천(牛耳大天)으로 흘러드는데, 이것이 연미계(燕尾溪)이다. 이 개울이 누각 앞에서 작은 폭포를 이루는데 맑고 시원하여 좋았다. '성심종(醒心淙)'이라고 이름 붙였다. 그리하여 무성하게 자란 초목을 베어내고 모래와 조약돌을 씻어내어 물길을 끌어오니 더욱 맑고 넓어졌다. 누각 왼쪽에는 네모난 연못을 파서 연꽃을 심고 물고기를 길렀다. 연못 한쪽 면에 '화영지(花影池)'라고 새겨 놓았다. 그리고 그 둘레에 갖가지 꽃을 심어 놓아 수면에 어른어른 비치게 했다.(후략)

(전략)歲丁酉, 余不安于朝, 謝官郊居, 構外舍七楹, 臨溪而起小樓, 扁曰'兼山'. 有石磵發源於天冠峰, 抱墓山而南, 繞右岡合流于牛耳大川, 是爲燕尾之溪, 到樓前成小瀑, 淸泠可悅, 命曰'醒心淙'. 於是刿莽翳, 滌沙礫疏導, 益淸以廣, 鑿方池於樓左, 種荷養魚, 刻池面曰'花影池', 環以雜花, 交映水中.(후략)

방지(方池)는 겨우 한 길쯤이거나, 땅 한 구석을 파서 반 이랑짜리를 만들기도 하고, 섬돌 아래는 네모난 못, 못가에는 정자, 산에서 흘러오는 샘물을 끌어다 댄다. 층층 바위 깎아 작은 정자 만들고, 깊은 계곡물을 네모난 연못으로 끌어온다. 너비가 수백 보쯤 되는 네모난 연못을 만들고 대나무로 주위를 둘렀으며 안에는 연꽃을 심었다.

115) 낙수(洛水) : 현재 낙동강(洛東江)을 말함.

116) 상앗대 : 배질을 할 때 쓰는 긴 막대. 배를 댈 때나 띄울 때, 또는 물이 얕은 곳에서 배를 밀어 나갈 때 쓴다.

117) 오사모 : 오사모는 바로 관녕(管寧)이 썼던 검은 모자를 가리킨다. 관녕은 삼국시대 위나라의 유학자로, 그는 일찍이 황건적(黃巾賊)의 난리를 피하여 요동(遼東)으로 건너가 생도들을 가르치며 40년 가까이 지내면서, 위 명제(魏明帝)가 후한 예를 갖추어 불러도 전혀 응하지 않고 지조를 굳게 지키고 청빈을 달게 여겨, 항상 무명옷에 검은 모자만 착용하고 지냈다고 한다.

118) 행우산(行牛山) : 현재 경상남도 진주시 금곡면 검암리 운문.

119) 복자하(卜子夏) : 공자의 제자. 이름은 상(商). 자는 자하(子夏). 자유(子遊)와 함께 문학과(文學科)에 들었다. 공자가 죽은 뒤 서하(西河)에서 학문을 교수하여, 위 문후(魏 文侯)가 스승으로 섬겼다. 모습이 공자와 비슷하여 서하부자(西河夫子)라고 불렸다.

120) 회암당(晦庵堂) : 회암의 집이라는 뜻으로, 회암은 주자(朱子)의 호다.

121) 염계련(濂溪蓮) : 염계의 연꽃이라는 뜻으로, 염계는 주돈이(周敦頤)의 호다. 주돈이는 연꽃을 매우 좋아하여 「애련설(愛蓮說)」이라는 글을 지었다.

122) 강절풍(康節風) : 강절의 바람이라는 뜻으로, 강절은 소옹(邵雍)의 호다.

123) 장주어(莊周魚) : 장주(莊周)의 물고기라는 뜻으로, 장주가 호량(濠梁)에서 벗 혜시(惠施)와 함께 물고기를 보며 토론한 일에서 따온 것이다.

124) 장한순(張翰蓴) : 장한(張翰)의 순채라는 뜻으로, 장한이 벼슬살이하다가 고향의 농어회와 순채국이 생각나 돌아갔다는 일화에서 따온 것이다.

125) 영운초(靈運草) : 사영운(謝靈運)의 풀이라는 뜻으로, 사영운의 '못에서 봄풀이 나네(池塘生春草)'라는 시구에서 따온 것이다.

126) 연명류(淵明柳) : 도연명(陶淵明)의 버들이라는 뜻으로, 도연명이 집에 다섯 그루의 버드나무를 심은 데서 따온 것이다.

127) 우암은 조선 중기 노론의 종주인 송시열(宋時烈, 1607~1689)의 호.

128) 보련화 : 연꽃. 연꽃을 아름답게 일컫는 말.

129) 선경 : 신선이 산다는 곳으로 절경이라고도 함.

130) 우천(愚泉) : 유종원(柳宗元)이 유주(柳州)에 귀양가서 계곡 하나를 점유하여 우계(愚溪)라고 이름하고 거기에 있는 샘을 우천(愚泉)이라 하고 또 거기에 우지(愚池)를 만들었다.

131) 교창(交窓) : 실내를 밝게 하기 위해 설치하는 광창(光窓)의 일종으로, 창살을 효(爻)자 모양으로 짜기 때문에 교창이라 한다.

물흐름

The streams

비천과 폭포를 함께 쓰는 경우가 많은데. 비천은 물을 끌어와서 절벽에서 떨어지는 폭포의 물줄기
가 나는 듯하다는 말이다. 비천이 역사서에 가장 먼저 등장한 기록은 『고려사(高麗史)』이며 의
종 11년(1157)에 '괴석을 쌓아 신선산을 만들고 멀리서 물을 끌어 비천(飛泉)을 만드는 등 온갖
사치를 다해 화려하게 꾸몄다.'고 했다. 조선시대 많은 시문에는 비천의 풍경을 묘사했고 비천 만
드는 법도 기록되어 있다.

전남 담양 소쇄원 오곡 폭포

물흐름
The streams

비천(飛泉)

비천과 폭포를 함께 쓰는 경우가 많은데, 비천은 물을 끌어와
서 절벽에서 떨어지는 폭포의 물줄기가 나는 듯하다는 말이다.

비천이 역사서에 가장 먼저 등장한 기록은 『고려사(高麗史)』이
며 의종 11년(1157)에 "괴석을 쌓아 신선산을 만들고 멀리서 물을
끌어 비천(飛泉)을 만드는 등 온갖 사치를 다해 화려하게 꾸몄다."
고 했다. 조선시대 많은 시문에는 비천의 풍경을 묘사했고 비천 만드
는 법도 기록되어 있다.

기암과 깎아지른 절벽의 비천, 한줄기 비천이 돌바닥에 쏟아지고
그림과 같이 절벽에는 비천(飛泉)이 떨어지고, 나무를 파서 만들기
도 했다.

유서석산기(遊瑞石山記)　　정약용(丁若鏞)

대체로 산수가 뛰어난 곳은 반드시 기암(奇巖)과 깎아지른 절벽, 비천(飛泉)
과 괴상한 폭포며, 어지러운 자태와 붉고 푸른 온갖 형상이 갖추어져야만 산경
수지(山經水志)[132]에 낄 수 있는 것이다.

〈원문〉

遊瑞石山記

凡山水之勝者, 必其有奇巖削壁, 飛泉怪瀑, 姿態紛紜, 紫綠萬狀, 而後方得備
數於山經水志之中.

『여유당전서(與猶堂全書)』권13

작곡주신루기인제(作谷州新樓記因題)　　이색(李穡)

谷州藏在萬山中　첩첩 산중에 숨어 있는 곡주 고을

詰曲蛇行道路通　통행하는 외길도 뱀처럼 구불구불

老木蒼煙形勢古　고색창연하게 고목은 연무에 잠겨 있고

飛泉翠壁畫圖同　그림과 같다 할까 절벽에는 비천(飛泉)이네.

『목은시고(牧隱詩藁)』권33

계간(溪澗)

　계간은 산골짜기에서 흐르는 시냇물이며 계류(溪流)와 같은 말이
다. 예부터 계간 주변에는 이름난 원림(園林)들이 많이 만들어졌다.
　전남 담양에 있는 소쇄원은 조선 중기에 양산보가 창암촌 산기슭
에 계간(溪澗)의 폭포를 정원에 끌어들여서 담장을 쌓고 광풍각, 제

월당 등의 건물을 짓고 못을 파서 원림을 만들었다.

조선 중기에 윤선도는 전남 완도 보길도에 계곡을 따라 동북쪽으로 내려가서 계간(溪澗)을 판석보(板石洑)로 막아 계담(溪潭)을 조성하고 물을 돌려 방지(方池)를 만들고 방지 옆에 단(壇)을 쌓고 세

서울 인왕산 수성동 비천

전남 해남 수정동 폭포

연정(洗然亭)을 짓고 원림을 만들었다.

대전에 있는 남간정사(南澗精舍)는 조선 후기 대학자인 우암 송시열이 만년에 학문을 연마하고 제자를 기르며 그의 학문을 대성한 유서 깊은 곳이다. 남간정사는 계곡에 있는 샘으로부터 내려오는 계류가 건물의 대청 밑을 통해 연못으로 흘러가게 하는 독특한 원림이다.

간수(澗水), 석간(石澗), 송간(松澗)

간수(澗水)는 산에 흐르는 시냇물, 또는 작은 계곡물이며 수로의 뜻이다. 정원 못의 급수원이 되는 상류쪽 물을 흘려보내서 연못이나 화단 등에 물을 대거나, 또는 정원에서 배출된 물이 흘러가는 상류, 또는 하류의 작은 개울이다. 즉 정원 주위를 흐르며 정원에 물을 대거나, 정원에서 배출된 물이 흐르는 것을 돕기 위해 만들어진 수로라고 볼 수 있다.

　이러한 간수는 돌로 되어 계곡 혹은 개울을 이루면 석간(石澗)이라고 하기도 하고, 주변 경관에 따라 죽간(竹澗), 송간(松澗), 계간(溪澗) 등의 이름을 붙인다.

간수(澗水)

급고천시다(汲古泉試茶)　　　김정희(金正喜)

獰龍頷下嵌明珠　사나운 용 턱밑에 밝은 구슬 박혔으니

拈取松風澗水圖　솔바람 간수(澗水)의 그림을 뽑아 왔네.

『완당집(阮堂集)』 권10

전남 강진 다산초당 간수

석간(石澗)

석간은 통대의 토막인 대롱에 연결하여 시냇물 끌어오고, 졸졸 흐르는 작은 시냇물이 굽은 담장을 뚫고 들어와 돌아 흐른다

정혜사에서 머무르며(宿定慧寺)　　조위(曹偉)
連筒引石澗 대롱 연결하여 시냇물을 끌어오고
『매계집(梅溪集)』 권1

매운(梅韻)　　이휘일(李徽逸)
梅澗
潑小石澗 졸졸 흐르는 작은 시냇물
穿過曲墻回 굽은 담장을 뚫고 들어와 돌아 흐르네.
梅花雖泛去 매화 꽃 떠서 흘러가지만
誰肯尋源來 누가 도원(桃園)을 찾아오리오?
『존재집(存齋集)』 권1

송간(松澗)

소나무 사이를 흐르는 물줄기이다.

함재기(涵齋記)　　조찬한(趙纘韓)
(전략) 그 집에서 살면서 아름답게 꾸미고 화초를 심고, 두 개의 못을 파서 연꽃을 심었으며, 소나무와 대나무를 뜰에 심어놓으니 시원스러워 더욱 탁 트인 것 같았다. 선친의 뜻을 잘 이었다고 할 수 있다. (후략)

〈원 문〉 涵齋記

(전략) 而處其齋, 旣賁飾而花卉之, 穿雙池而菡萏焉, 巖松磵竹庭砌之植, 洒
然若增其爽塏, 亦可謂考肯搆而子肯堂者. (후략)

『현주집(玄洲集)』 권15

폭포

강물이 수직이나 급한 경사를 이루며 흐르는 물줄기로서, 초기 유
년곡(幼年谷)에서 많이 볼 수 있다. 침식이 진행되면 폭포는 후퇴하
여 결국 없어진다. 절벽에서 곧장 쏟아져 내리는 물줄기인 폭포수와
같은 말이다.

조선시대 원림에 있는 대표적인 폭포는 전남 담양의 소쇄원에 있으
며 오곡에서 흘러서 떨어지는 오곡폭포(五曲瀑布)이다. 오곡폭포에
서 떨어지는 물줄기가 바위에 부서지는 맛은 황홀한 장관을 이루며
생활에 찌든 긴장된 마음을 해갈시키기에 충분하다.

---

132) 산경수지(山經水志) : 중국 상고 시대 우왕(禹王)이 지었다는 『산해경(山海經)』으로
산천(山川)·초목(草木)·조수(鳥獸) 등에 관한 이야기를 실어 놓은 책이다. 후에는 지방의
아름다운 산수를 자세히 기록해 놓은 지리지를 뜻하기도 한다.

석조

The stone troughs

이 글에서는 물확(水確. 石確), 석연지(石蓮池), 석조(石槽, 石水槽)를 통틀어서 석조라고 하고자 한다. 석조는 큰 바위를 조금 가공하고 그 중앙은 크게 파서 물을 담아 마당에 놓아두는 석물(石物)이다. 물확은 돌절구로도 쓰이기 때문에 부엌 앞마당이나 부엌 뒷마당에 놓아둘 때도 있고 또 정원을 구성하는 소재 중 하나로서는 사랑 마당이나 후정 등에 놓아두고 그 수기(水氣)를 쐬기도 한다.

창덕궁 낙산재 석조, 괴석, 굴뚝이 어우러져 화계 하단에 위치

석조

The stone troughs

이 글에서는 물확(水確, 石確), 석연지(石蓮池), 석조(石槽, 石水槽)를 통틀어서 석조라고 하고자 한다.

석조는 큰 바위를 조금 가공하고 그 중앙을 크게 파서 물을 담아 마당에 놓아두는 석물(石物)이다. 물확은 돌절구로도 쓰이기 때문에 부엌 앞마당이나 부엌 뒷마당에 놓아둘 때도 있고 또 정원을 구성하는 소재 중 하나로서는 사랑 마당이나 후정 등에 놓아두고 그 수기(水氣)[133]를 쐬기도 한다.

온양의 민속 박물관에는 이 물확이 수십 종이나 진열되어 있었는데 그 모양도 다양하여 원형, 다각형, 특수형으로 크게 나눌 수 있다. 경복궁 아미산 후정에 있는 물확은 가장자리를 정교하게 조각하여 방금 물에서 개구리 네 마리가 기어 나올 것 같은 모양이다.

석연지(石蓮池)는 대개 직육면체의 돌을 파서 물을 담고 또 그대로 연꽃을 키우기도 하는데 연못을 팔 수 없는 좁은 마당에 놓아둔다. 이 석연지의 모양은 대개 사각형(方形)이고 특수형으로 되어 있다.

법주사(法住寺)의 석연지는 백제지역에 남아있는 몇 개의 석연지 중에서 가장 거대하고 세련된 대표적 유물로서 그 기본 결구가 금산사 장륙미륵존상의 연화대좌[134]와 같다는 점 등에서 이 석연지는 백제 유민의 지도자였던 진표 율사와 깊은 관계를 가진 느낌을 준다.

이 석연지는 높이 2.48m(??????), 주위 6.65m의 화강암 재질로서 팔각 지대석(地臺石)[135] 위에 3단의 각형(角形) 괴임과 1단의 복연대[136]를 조각하고 그 위에 구름무늬가 장식된 간석[137]을 놓아 큰 연지(蓮池)를 받치고 있다. 지대(地臺) 각 측면에는 양우주[138]와 안상(眼象)[139] 1구(區)씩이 표시되어 있다.

연지(蓮池)의 표면에는 밑으로 얕게 단엽소문(單葉素紋)[140]의 앙연(仰蓮)[141]을 돌리고 그 위에 웅대한 앙연(仰蓮)을 또 한 줄 돌렸는데 판내(瓣內)[142]에는 보상화문(寶相華紋)[143]이 새겨져 있다.

내부는 물을 담기 위해 파냈고 주둥이 둘레에는 난간(欄干)을 돌렸는데, 아랫부분에는 사각 기둥 모양을 본떠 새겼으며 그 사이 구간(區間)에 천인(天人), 보상화(寶相華)를 돋을 무늬로 새기고 중간 윗부분은 동자주(童子柱)[144]를 세우면서 원형난간(圓形欄干)을 옆으로 걸쳐 놓았다.

연지(蓮池)의 형태가 반쯤 핀 연꽃 봉오리의 형상을 모방한 점은 외부의 곡선과 아울러 부드럽고 아름다운 조형이라고 하겠다.

경복궁의 아미산 후정에 있는 석연지에는 낙하담(落霞潭), 함월지(涵月池)라는 글을 써넣어 마치 무지개가 서리고, 달을 머금은 풍류

1 경복궁 아미산 후원 낙하담   2 경복궁 아미산 후원 함월지
3 4 경복궁 아미산 후원 돌확   5 온양민속박물관 돌확

를 보이는데 구중궁궐 왕족 여인네들이 석연지에 비친 무지개, 달 등
을 보고 천상(天上)의 세계를 즐긴 것 같다.

　석조는 사찰의 승방이나 주택에 배치되던 커다란 물통이다. 이것은
대개 장방형이나 백제의 것으로는 원형도 있다.

　공주 박물관에 있는 반죽동(班竹洞), 중동(中洞) 석조는 원래 대
통사지(大通寺址)의 금당지(金堂址)와 강당 사이에 있었던 백제의

1 공주 반죽동 석조

4 서울 장안평 석조(1)-고려시대로 추정

2 부여박물관 석조

5 서울 장안평 석조(2)

3 성북동 서씨옥씨댁 석조

6 경주 흥륜사지 석조

유물이다.

석조대좌(石造臺座) 위에 둥근 기둥 모양의 받침기둥을 세우고 그 위에 둥글고 큰 통을 얹었는데 한 개의 화강암 내부를 파내어 만든 것이다. 받침기둥에는 전형적인 백제 기법으로 12개 잎을 가진 연꽃무늬를 돋을무늬[145]로 새겼다. 입구부분에는 한 줄의 띠를, 가운데에 두 줄의 띠를 돌렸으며 8개의 꽃잎을 가진 연꽃무늬를 사방에 4개씩 도드라지게 새겼다.

이 연꽃무늬는 공주지방에서 나온 백제 기와 무늬와 같은 모양이다. 반죽동 석조는 너비 155cm, 길이 56cm, 두께 16.5cm의 크기인데 중동석조가 약간 작다.

『삼국유사』에 대통사가 백제 성왕(聖王) 7년(529)에 창건되었다는 기록이 있어 이들 석조는 확실한 제작 연대를 알 수 있는 매우 중요한 백제 유물이다.

부여(扶餘) 석조는 국립부여박물관에 있고 직경 1.95m, 높이 1.59m의 화강암 재질로 되어 있다. 이 석조는 백제왕궁 정원에 두고 연꽃을 심어 완상(玩賞)하는 데 쓰였다는 전설이 있는 유물(遺物)이다.

형태는 1자형의 상, 중, 하대(上, 中, 下臺)를 갖춘 위에 석조를 올려놓았는데 석조의 모습은 마치 둥근 공의 정수리[146]를 수평으로 자른 모양이다.

석조 표면에는 여덟 잎의 연꽃 무늬(蓮花紋)를 의미하는 융기종선(隆起縱線)[147]으로 석조를 8등분하였다. 그 밖에는 아무런 장식문양(文樣)이 없는 소박한 모습이다. 석조 표면에는 '대당평백제국비명

(大唐平百濟國碑銘)'의 제자(題字)[148]와 몇 행의 문자가 새겨져 있는데 이것은 정림사지5층석탑(定林寺址五層石塔) 초층탑신(初層塔身)에 새겨진 당장(唐將) 소정방(蘇定方)의 기념비문(紀念碑文)과 일치하고 있다.

신라시대 흥륜사(興輪寺) 석조는 길이가 3.92m나 되는 우리나라에서 가장 큰 것으로 8~9세기에 만들어진 것으로 보인다.

본디 신라 최초의 절인 경주 흥륜사에 있던 것인데 이 절이 없어진 뒤 조선조 인조(仁祖) 16년(1638), 경주 부윤(府尹) 이필영(李必榮)이 경주 읍성 안의 금학헌(琴鶴軒)으로 옮겨 이 석조 안에 연꽃을 심고 그 사실을 석조의 위편 한 쪽에 새겨 놓았다. 또한 이 글과 대칭되는 윗면에 이교방(李敎方)이라는 사람이 쓴 시구가 새겨져 있다. 그리고 그 측면에는 '天光雲影'이라는 큰 글씨가 있다. 1960년대 초 박물관으로 옮겨왔다.

二樂堂前雙石盆 何年王女洗頭盆 (이락당전쌍석분 하년왕녀세두분)

洗頭人去蓮花發 空宥餘香滿舊盆 (세두인거연화발 공유여향만구분)

戊子流頭蘇湖李敎方 (무자유두소호이교방)

이락당 앞 두 개의 석분 어느 해 왕녀가 머리를 감은 항아리인가

머리감은 사람은 갔는데 연꽃만 피어 있고 공연히 남은 향기가 있어서 옛날 석조에 가득 찼구나

무자년 유두날에 소호 이교방

석조를 조사하면서 백제의 선조가 왜 둥근 모양으로 마치 공을 반

쪽으로 자른 듯한 거대한 규모인지에 대해서 그 이유를 밝힐 수 없어서 가장 안타까웠다. 법주사와 흥륜사의 석조도 규모가 컸는데 이것이 시대가 내려올수록 작아져서 오늘날 골동품 가게에서 볼 수 있는 크기의 석조들로 되어간 것으로만 생각될 뿐이다. 이것은 아마 사찰과 같은 공공지역에서 연을 키워 완상하던 것이 민간주택에서 애용되기 시작하자 주택마당에 어울리는 규모로 작아졌기 때문이라고 추정될 뿐이다.

---

133) 수기 : 물기운
134) 연화대좌 : 연꽃 모양을 조각하여 꾸민 불좌대.
135) 지대(지대석) : 건물의 밑바닥과 주위를 마당보다 높게 만든 단. 지단.
136) 복연대 : 밑으로 내리 핀 연꽃이나 연잎을 새긴 부분
137) 간석 : 석등의 하대석(下臺石)과 중대석 사이에 있는 기둥 모양의 부분. 보통 팔모기둥 돌로 함.
138) 우주 : 귓기둥. 즉 건물의 모퉁이나 구석에 세운 기둥. 양우주 : 귓기둥이 둘 서 있는 것.
139) 안상 : 격간 또는 석물 좌대의 팔면에 오금곡선으로 된 안쪽을 파낸 모양.
140) 단엽소문 : 홑잎의 소박하고 간결한 문양.
141) 앙연 : 연의 잎이나 꽃이 위로 솟은 듯이 표현된 부분.
142) 판내 : 꽃잎 안.
143) 보상화 : 당초무늬를 주제로 한 가상적 오판화. 불교에서 쓰이는 이상화한 꽃이며 원명은 만다라화이고 백련화를 가리키기도 함. 보상화를 장식으로 꾸민 당초무늬의 하나를 보상화문이라고 한다.
144) 동자주 : 동자기둥. 지붕틀에서 대들보 위에 세우되 중도리와 종보를 받는 짧은 기둥. 쪼구미
145) 돋을무늬 : 도드라진 무늬. 무늬가 약간 위로 도드라지게 된 것
146) 정수리 : 사람의 머리 꼭대기 숫구멍이 있는 자리를 말하지만 여기서는 물체의 가장 꼭대기를 가르친다.
147) 융기종선 : 돋을무늬의 세로줄
148) 제자 : 서적이나 서화의 머리 혹은 빗돌에 쓴 글자

우물

The wells

우물과 샘은 우리가 생명수를 얻는 곳이다. 그래서 다른 무엇보다도 깨끗하게 관리하는 것이 중요

했다. 우물과 샘을 정갈하게 유지하기 위해서 우리 선조들은 어떠한 방법을 사용했을까?

혜원의 그림으로 우물가의 장면

우물

The wells

우물과 샘은 우리가 생명수를 얻는 곳이다. 그래서 다른 무엇보다도 깨끗하게 관리하는 것이 중요했다. 우물과 샘을 정갈하게 유지하기 위해서 우리 선조들은 어떠한 방법을 사용했을까?

다행히 옛 기록들이나 유구들이 더러 남아있고 특히 신라시대의 우물 유적을 찾아보는 데에는 유문용 선생님의 「민학회보 」에 실린 우물조사기록이 큰 도움이 되었다. 그러나 1970년대 자료이기 때문에 현재 없어진 유구도 상당수 있어서 아쉬움이 컸으나 지금이라도 신라의 우물을 정리하는 것이 의미가 있으리라 생각한다. 신라시대 이외의 우물은 발굴자료, 기록, 그림, 현지촬영을 기초로 하여 정리하였다.

우물은 동요에 나오는 깊은 산 속 옹달샘부터 마을 중심부에 위치하여 집집의 소식을 전해주던 아낙네들의 모임 터인 공동우물, 궁궐이나 사찰, 민가의 마당에 있었던 우물 등이 있다.

구조는 옹달샘처럼 우물 주위를 별로 처리하지 않은 것부터 우물 돌을 놓거나 나무 혹은 화강석으로 귀틀[149]을 짠 것까지 다양하다. 또한 우물의 형태도 원형, 타원형, 사각형, 팔각형 등 다채롭다. 우물 벽은 돌로 쌓았고 바닥에는 자갈을 깐 것들도 있다. 우물가에는 향나무를 심었다. 이것은 아마도 향나무가 물을 정화하기 때문인 것으로 생각된다.

집터를 고를 때 우선적으로 고려하는 것이 그 터의 물맛과 수량일 것이다.

「산림경제」에는 선조들의 우물을 얻는 지혜가 잘 나타나 있다.

- 고랑을 파거나 우물을 파거나 우물을 칠 때는 반드시 길일을 택한다.

- 우물을 팔 때는 본산(本山)의 생왕[150]을 취해야 한다.

- 우물을 팔 때 그 자리에서 물이 나올지의 여부는 다음과 같은 방법으로 확인할 수 있다고 예부터 전해온다.

먼저 우물을 팔 자리에 물동이를 놓고 물을 길어다 붓는다. 맑은 하늘에 수없이 많은 별이 물동이 안에 가득할 때 그중에서도 뚜렷이 빛나는 큰 별이 있는 자리에서는 차고 단 물이 나올 것이라고 점쳤었다.

- 우물을 팔 때는 조심할 점이 있다. 집 앞, 방 앞이나 대청 앞에 우물을 파는 것은 나쁘다. 우물이 부엌과 마주보게 위치하는 것도 나

쁘다. 우물을 친 흙으로 부뚜막을 바르는 일도 나쁘다. 부뚜막을 헐어낸 흙으로 우물을 메우는 일 역시 나쁘다. 또 새로 집을 지으면서 옛 우물을 메우는 일도 나쁘다. 또한 우물가에 나무를 심어 그 가지가 우물을 덮으면 나쁘다. 날짐승이 우물을 더럽히거나 벌레가 우물로 떨어지기 때문이다. 우물가에 꽃을 심으면 나쁘다. 복숭아나무는 더욱 나쁘다.

– 우물은 여럿 있더라도 무방하니 필요에 따라 더 팔 수도 있다. 물맛이 나빠도 새로 파야 한다. 물맛이 나쁜 우물의 물은 옹정(瓮井)[151]을 만들거나 봇물[152]을 대는 데 이용하면 좋다. 나무를 파서 홈통을 만들어 연결하여 멀리 산천(山泉)을 끌어들여 부엌에까지 이르도록 하는 것도 좋다.

시대별 우물

고구려 우물

현재 우물에 대한 기록과 유구는 삼국시대의 것까지 남아있다. 고구려 시대의 우물은 여러 곳 남아있을 것이나 분단 상황이라 직접 조사할 수 없어 자료에 의존해야 한다. 최근 자료인 문화재연구소에서 발행한 「북한문화유적발굴개보(北韓文化遺蹟發掘槪報 1991)」에는 평양시 대성구역 고산동의 우물에 관해 실려 있다. 그림 1에서 보이는 우물은 세월이 오래 흐르는 동안 우물 윗부분이 없어졌으나 발굴 결과 우물벽은 사암질 벽돌로 쌓았고 그 쌓기 수법에 고구려인

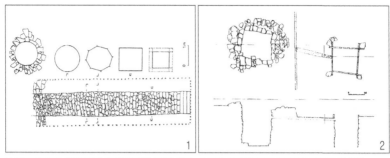

1 그림1.고구려의 우물로 평양시 대성구역 고산동에 위치   2 그림2.백제우물로 부여 구아리(舊衙里)에 위치

의 역학지식이 잘 나타나 있다. 하나의 돌을 중심으로 그 주위를 돌아가면서 6~8개의 돌을 맞물리게 하였고 우물바닥에는 강자갈을 깔았다. 안악3호분 벽화에 묘사되어 있는 우물은 지표 위로 우물틀을 설치하고 있다. 정자형으로 방틀[153)]을 짜고 운두[154)] 높은 벽에 나무를 세워 나란히 하고 물을 길어 올리는 데 편리하도록 용두레[155)]를 설치하는 등 과학적 고려도 하고 있다. 우물가에 굵은 통나무를 박아 세우고 그 위에 짧은 통나무를 十자로 매겨 끼운 후에 거기에 의지하여 장대[156)]를 써서 두렛대[157)]를 달았다.

백제 우물

백제시대 우물인 그림2는 1993년도 간행된 것으로 부여문화재연구소에서 발간한 「부여구아리 백제유적(夫餘舊衙里 百濟遺蹟(1993))」에 실려 있다. 방형의 널판 사각틀 우물이다. 이 석축우물 남벽 중앙부 상단에 목재홈통이 노출되어 남쪽의 널판 사각틀 우물과 연결되고 있으며 고저 차이에서 널판 사각틀의 우물이 더 낮은 것으로 조사되었다. 따라서 북편에 위치한 석축 우물이 만수되면 물이 자연히 목재 홈통을 통해 남쪽에 위치한 널판 사각틀 우물로 흐르게 되어 일종의 저수조 역할 및 정수 기능까지 한 것으로 판단된다.

신라 우물

신라의 우물은 그 유구들이 경주에 여러 곳 남아있고 또한 우물에 얽힌 기록도 다수 남아있어 더욱 흥미롭다. 『삼국사기(三國史記)』에 시조 박혁거세 출생과 연관된 계림의 나정(蘿井)과 혁거세왕 비 출현에 관계된 알영정(閼英井)이 나오는데 알영정에서는 용이 나타난 것으로 기록되어 있다. 또한 신라의 우물은 혁거세 육십 년 용이 나타났다는 금성정(金城井), 소지왕(炤智王) 때 용이 나타났다는 추나정(鄒蘿井)이 있으며 김유신 장군 댁의 재매정(財買井)이 있다. 재매정은 장군의 어머니 재매부인(財買夫人)의 이름에서 따온 것이다. 재매정에 얽힌 일화 중에 이러한 것이 있다. 선덕여왕 13년(644) 가을, 장군이 화급하게 전쟁터로 출정하는 길이라 집 앞을 지나면서도 들르지 못한다. 그래서 집 부근에 말을 세우고 시자(侍者)에게 명하여 우물에서 떠온 물을 마시며 '우리집 물은 아직 옛 맛이로고'

1 재매정   2 그림3.신라자매정으로 김유신 장군과 얽힌 이야기가 흥미롭다

1 나정지   2 반월성의 숭신전 우물

라고 안심하며 전장으로 나갔다는 기록이 있다. 이 재매정은 현재 경
주시에서 남쪽으로 문천(蚊川)언덕을 따라 북쪽으로 약 50m에 위
치하고 있다.

　신라 당대의 부윤대택(富潤大宅)으로 삼십오금입택(三十五金入
宅)¹⁵⁸⁾이 있어 남택, 북택을 위시한 대저택들이 손꼽혔다고 『삼국
유사』는 전하는데 그중에 재매정택(財買井宅)이 있어 김유신 저택
도 상당한 규모였던 것으로 추정된다. 이 재매정은 부잣집이더라도
민가에 쓰이던 우물이다. 우물의 겉돌은 거대한 석재를 다듬어 ㄱ자
형으로 만들었는데 두 틀을 맞대어 완성시켰다. 경주문화재연구소의
조사결과에 의해 자세한 우물구조는 그림3에서 볼 수 있다. 사각형
(方形)의 우물돌로 꾸며진 예도 더러 있는데 이 재매정 우물이 대표
적이라고 할 수 있다.

　신라 선덕여왕 3년(634) 봄에 창건한 분황사(芬皇寺)의 우물들을
보면 8각이며 밑으로는 장대석을 사방에 놓았다.

　국립경주박물관 뜰에 가보면 둥근 형의 통돌이거나 두 부분으로 짜
인 원형의 우물돌들을 몇 구 볼 수 있다. 탑동 손목익 씨 댁의 우물 그

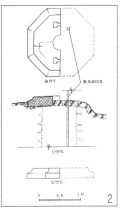

1 탑동 손목익씨댁 우물   2 그림4.탑동 손목익씨댁 우물(우물속은 알수없음)

림4형태는 8각으로 접었는데 원형(原形)의 반쪽만 남아있다.

　반월성(半月城)의 숭신전(崇信殿)은 석탈해왕(昔脫解王)을 봉축하기 위하여 지어졌다. 초창은 고종 광무2년으로 반월이 석탈해왕의 사제(私第)[159]였다는 고사에 따라 성내에 사우(祠宇)[160]를 지었던 것이다. 지금은 우물돌 위에 시멘트로 사각형의 상자를 만들어 올려 놓았다. 이 석재가 분명한 우물돌이라면 과거에도 이런 운두 낮은 사각형 모양의 윗돌이 있어야 하나의 우물돌로서 완성되었을 것이다. 이 우물돌에 연꽃이 새겨져 있다.

　남간사지(南澗寺址)의 우물은 탑동마을에서 공동우물로 사용하고 있다. 1920년대 조사한 자료에 의하면 방형대상(方形臺狀)[161]에 내립하는 둥근 바퀴의 형태로 구성되어 있다. 현재는 시멘트 관(管)이 올려져 있다. 이 우물이 남간사와 같은 시기에 만들어졌다면 서기 806년경의 유물이다.

　계림향교(鷄林鄕校)에도 우물이 남아있는데 『동경잡기(東京雜

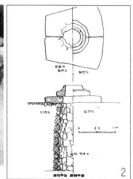

1 포석정지(鮑石井址) 우물　　　2 그림5. 포석정지(鮑石井址) 서측 우물

記)』에 계림향교가 신라 때의 궁궐이었던 임해전(臨海殿)의 유지(遺址)에서 석조물들을 옮겨다 썼다고 기록되어 있다. 『동경잡기』의 기록대로라면 계림향교에 이전 된 석조물들은 임해전의 궁실 건물에 쓰이던 신라 때의 유일한 유물들이다. 이 우물돌은 임해전지에서 옮겨온 것인지 그렇지 않으면 이 터전에 있었던 옛집에서 쓰던 것인지 그 여부를 밝힐 수 없지만 만약 이계림 향교의 우물돌이 임해전지의 것이라면 통일 초기인 7세기에 속한다. 포석정지의 우물은 원형의 우물돌로 이 우물의 포석[162]과 같은 시기에 만들어졌으나 용도는 알 수 없다. 다만 형태로 보아 통일신라시대의 작품으로 추정될 뿐이다.

　인용사(仁容寺) 우물은 2007년에 조사한 동지(東池) 동편석축에 근접하여 위치하고 있다. 기존에 우물 외곽의 원형으로 돌아가는 석열 일부만 노출되어 있었으나, 우물을 중심으로 층위를 달리하며 구축된 방형 포석시설과 원형 둘레돌이 확인되었다. 우물 내부의 축조

신라의 우물들로 국립경주박물관뜰에 모여 있다

상태, 우물 바닥이 확인되었다. 인용사지 유적에서는 10기 이상의 우물이 확인되고 있으나, 발굴된 우물은 타 우물들과 차별되는 양상을 보이고 있다. 그 규모가 다른 우물들에 비해 1.5배 이상 클 뿐 아니라, 축조상태 또한 매우 정교하다.

신라시대의 우물 중에서 연대를 밝힐 수 있는 것으로는 삼국시대 신라의 분황사(芬皇寺), 재매정, 계림향교의 우물과 통일 이후의 남간사지, 불국사, 금산사 등의 우물이 있다.

고려 우물

고려시대 태조의 선조인 작제건(作帝建)이 용녀(龍女)를 취하여 부인을 삼았는데 용녀가 처음 개성에 도착하여 동북산 깁에서 은주발로 땅을 파 물을 길어 쓴 것이 지금의 한우물(大井)이 되었다고 『고려사(高麗史)』는 기록하고 있다. 『고려사』에는 또한 용녀가 송악에 지은 새 집의 침실 창밖에 우물을 파고 그 우물을 통해 서해의 용궁으로 왕래하였다고 기록되어 있는데 광명사 동상방(廣明寺 東上房) 북쪽의 우물이 바로 그 우물이었다는 것이다. 개성에는 육우물

전북 정읍 김동수가 우물

골(六井洞)이라는 골목이 있다. 한 마을에 우물이 여섯 개 있어서 생긴 이름이다. 이 우물들은 모두 공동우물이다.

조선 우물

조선의 우물은 현재까지 남아있는 것이 많다. 조선시대 우물과 관련된 흥미로운 것은 19세기 혜원 신윤복이 그린 우물가의 장면이다. 두 여인이 우물가에서 무슨 비밀스러운 이야기를 나누고 있는 것처럼 보인다. 담 넘어 그 결과를 궁금히 여겨 엿보고 있는 사나이는 누구일까. 아마 이런 속이야기가 오가는 것이 아닐까. '늙으면 어때, 돈만 많으면 제일이지.' 흥미로운 상상을 할 수 있게 하는 장면이다.

우물에 얽힌 옛이야기 중에는 이런 것도 있다. 화급하게 말을 타고 와서 우물가에서 갈증을 해소하려는 장군에게 버드나무 잎을 띄운 물을 건네 준 처녀가 그 지혜에 탄복한 장군에 의해 후일 왕비가 되었다는 것이다.

우물 유형

우물 유형으로 대정(大井), 석정(石井), 옥정(玉井), 수정(壽井)이 실린 시문을 소개한다.

큰 우물(大井)을 흘려보내서 작은 연못인 소당(小塘)을 만들었다. 옥처럼 투명한 옥정(玉井)이 있고, 마시면 장수한다고 하는 수정(壽井)도 있다.

대정(大井)

화음기(華陰記)　　이만부(李萬敷)

관찰공(觀察公)의 정자 터는 서쪽에 있는데, 이 골짜기에서 가장 시원한 곳이다. 작은 산등성이를 업고 있는 모습이 마치 사람이 두 손을 맞잡고 앉아 있는 것 같다. 청화산의 한 자락이 빠져 나와 열 번 꺾이지 않아 멈춘 곳이 있는데 지금까지도 마을 사람들이 이곳을 이씨 어른의 정자 터라고 한다.

북쪽으로 열 걸음 정도 걸어가면 종들을 위해 작은 집을 지어 두었는데, 그 곁에 큰 우물이 있었다. 심한 가뭄에도 마르지 않아, 흘려보내 소당(小塘)을 만들었다. 그 물결이 불어나 절반이 밭으로 흘러들어 가고, 밭으로 흘러간 물의 절반은 도랑을 타고 큰 시내로 들어가니, 그 이로움이 큰 시내와 같았다. 한가하게 거닐다가 못에 이르러 그 주위를 돌아 서쪽으로 가면 청화산 제일봉이 바로 우러러 보인다. 큰 바위가 하늘을 매우 떠받치고 있는데 자못 굳건한 모습

이다. 남쪽을 바라보면 깎아지른 듯한 벽이 우뚝 서 있었다.(하략)

〈원 문〉華陰記

觀察公亭基占西, 最爽於洞中. 負小麓如拱坐丈人, 靑華中枝抽出, 計不十節而止, 至今洞人指點李爺亭基. 北十餘武, 爲蒼頭所搆蝸屋, 傍有大井, 甚旱不渴, 流爲小塘, 其派之滋半於野, 野半注溝于大川, 其利與大川幷. 散策及塘, 轉面而西, 卽仰靑華第一峰, 巨石撑柱中天頗壯, 南望阧截立壁.(하략)

『식산선생집(息山先生集)』 권1

석정石井

石井靈源

半畝方塘水　반 이랑짜리 네모진 못 물은

連筒玉井分　대롱 타고 옥정(玉井)에서 갈라진 것.

수정(壽井)

노애토실기(蘆厓土室記)　　유도원(柳道源)

수정(壽井)

총암(叢巖)의 아래에 물이 저절로 솟아나는 곳이 있는데, 장마가 지거나 가뭄이 들어도 넘치거나 줄어들지 않고, 겨울에는 온기가 있으며 여름에는 매우 시원하다. 대개 그 물의 성질이 부드럽고 온화하여 많이 마셔도 해롭지 않았다. 지금 그 예전 자리를 바탕으로 수리하여 바로 집의 처마 아래에 있다. 여종들이

미리 물을 길어 저장해 두지 않고, 다만 필요할 때마다 표주박으로 뜨는데, 우물 덕택에 한 사람의 일손을 얻었다고 하겠다. 세상사람들은 이 우물물을 마시는 사람은 반드시 장수한다고 한다. 그러므로 이렇게 이름 지었다.(중략)

〈원 문〉 壽井

叢巖之下 有水自湧 水旱不盈縮 冬則有溫氣 夏則甚冷冽 大抵水性柔和 多飮無害 今因舊而修之 正在屋簷下 婢輩不預汲儲之 只臨用以瓢取之 可謂井得一人矣 俗傳飮是井者必得壽 故因名之.(중략)

『노애집(蘆厓集)』 권7

---

149) 귀틀 : 짜맞춰 만든 틀.
150) 생왕 : 오행으로 보아 길한 방위.
151) 옹정 : 독우물.
152) 봇물 : 보에 고인 물 혹은 보에서 흘러내리는 물.
153) 방틀 : 네모 정자형(井字形)으로 짠 틀의 총칭.
154) 운두 : ①그릇이나 작은 물체의 높이, ② 긴 재를 가로 놓았을 때의 재의 수직 높이. 춤
155) 용두레 : 낮은 곳에 있는 물을 높은 곳으로 퍼올리는 기구.
156) 장대 : 긴 막대.
157) 두렛대 : 물을 옮기는데 쓰는 연장.
158) 삼십오금입택 : 삼국유사 권 1 진국(辰國) 조에 신라에는 부유한 귀족의 저택인 금입택(金入宅)이 35개 처에 있었다고 전한다.
159) 사제 : 개인 수유의 집. 이 글에서는 궁궐이 아닌 왕 개인 소유의 집을 의미한다.
160) 사우 : 사당
161) 방형대상 : 네모난 대의 형상
162) 포석 : 지면이나 길바닥에 까는 돌. 포장돌. 박석깔기

가산

The artificial stone mountains

석가산(石假山)은 돌로 만든 인공산이며 생겨난 배경은 중국 남조(南朝) 송나라 때 종병(宗炳, 375~443)의 '와유(臥遊)' 고사에서 찾을 수 있다. 그는 학문과 식견을 갖추었으면서도 일생토록 벼슬살이를 즐겨하지 않았다. 여러 산을 두루 유람하였으며 말년에는 집안에 온갖 산수를 그려놓고 '와유의 흥'을 즐긴 것으로 유명하다. 그는 자신이 한 번 다녀온 곳은 반드시 그림으로 그려 집안에 붙여 놓았다고 한다.

채수의 〈석가산 복원도〉

가산
The artificial stone mountains

석가산

조영사상

석가산(石假山)은 돌로 만든 인공산이며 생겨난 배경은 중국 남조(南朝) 송나라 때 종병(宗炳, 375~443)의 '와유(臥遊)[163]' 고사에서 찾을 수 있다. 그는 학문과 식견을 갖추었으면서도 일생토록 벼슬살이를 즐겨하지 않았다. 여러 산을 두루 유람하였으며 말년에는 집안에 온갖 산수를 그려놓고 '와유의 흥'을 즐긴 것으로 유명하다. 그는 자신이 한 번 다녀온 곳은 반드시 그림으로 그려 집안에 붙여 놓았다고 한다.[164]

석가산은 한마디로 자연을 집안에 끌어들이려는 데서 비롯되었다. 이런 의미에서 이종묵 교수가 쓴 가산을 '집안으로 끌어들인 자연'이라고 표현한 것은 적절하다고 할 것이다. 동양의 산수화는 와유지계(臥遊之計)와 밀접한 관계가 있다. 다만, 그림을 통한 '와유의 흥'은 한계가 있을 수밖에 없다. 모든 것이 '마음[心]'에 달렸다고는 하지만, 실경(實景)이 아닌 '그림'이라는 데서 오는 한계가 자체에 있는 것이다. 그래서 자연을 집안으로 끌어들이려는 생각이 나오게 되는 것이다. 강희맹(姜希孟)의 「가산찬(假山讚)」, 이승소(李承召, 1422~1488)의 「석가산시서(石假山詩序)」, 채수의 「석가산폭포기」 일부는 이를 잘 대변하고 있다.

석가산의 사상적 배경을 문헌자료에서 구체적으로 찾아보자면, 먼저 경전에서 발견할 수 있다. 먼저, 『논어(論語)』 165)에 '인자요산(仁者樂山)'이라는 구절이 나오는데, 이 구절은 어진 이는 산을 좋아한다는 뜻이다. 이는 석가산 만들고 자연을 즐기기를 좋아했던 선비들의 의식 배경이라고 할 수 있다.

다음으로 『중용(中庸)』 166)의 '今夫山, 一拳石之多'에서도 사상적 배경을 살펴볼 수 있다. 조선 후기 오도일(吳道一, 1645~1703)은 조백흥(曹伯興)의 집에 있는 가산을 보고 「조씨석가산기(曹氏石假山記)」를 지었다. 이 글에서 오도일은 "이 가산이 완성된 연유와 같이 인간이 성인의 경지에 나아가는, 즉 존심양성(存心養性)의 길 또한 같은 것이다."라고 하였는데, 이에 대한 경전적 근거를 『중용』 26장의 "이제 그 산은 한 자잘한 돌이 많이 모인 것인데 그 광대(廣大)함에 미쳐서는 초목(草木)이 자라고 날짐승과 길짐승이 감추어져 있다(今夫山, 一拳石之多, 及其廣大, 草木生之, 禽獸居之)."에서 찾고 있다.

『장자(莊子)』에 나오는 제물적(齊物的) 관점[167]도 석가산에 사상적 배경을 제공한다. 장자는 '만물제일(萬物齊一)'의 제물론(齊物論)적 삶의 이치를 주장하였다. 제물론을 사상적 배경으로 한 석가산의 조성은 수산(修山) 이종휘(李種徽, 1731~1797)와 해좌(海左) 정범조(丁範祖, 1723~1801)의 「석가산기」에서 찾아볼 수 있다. 이종휘는 「분지소석기(盆池小石記)」에서 "통달한 사람은 한결같이 보는 것이다. 내 비록 통달한 사람이 되기엔 부족하지만, 그 원하는 바는 스스로를 중히 여기고 외물을 가벼이 보며, 욕심을 줄여서 구하는 바를 쉽게 하는 것이니, 응당 분지의 작은 돌을 보면서부터 시작되었다. 이것을 기(記)로 삼는다."[168]고 하였다. 그는 장자의 제물론에 입각하여 작은 분지를 만들어 소석을 두고 가산을 만든 의미를 부여하며 일상생활의 성찰처(省察處)로 삼아 경계하였던 것이다. 그리고 정범조는 「석가산기(石假山記)」에서 "대저 사물은 진실로 크고 작음이 있지만, 나의 관점이 사물로 인하여 국한되지 않는다면 곧 큰 것이라도 처음부터 그 크게 된 것을 보지 않고, 작은 것이라도 처음부터 그 작게 된 것을 보지 않는다. 그러므로 사물의 크고 작은 것에 정해진 것이 없으니, 사물의 밖에서 보는 자가 아니라면 능히 할 수 없는 것"[169]이라고 하였다. 여기서의 '사물의 밖에서 보는 자'는 앞서 이종휘가 말한 '통달한 자'에 속한다. 이런 면에서 이종휘의 가산에 대한 접근 방법과 정범조는 같은 궤도에 서 있는 것으로 모두 장자의 제물론에 근거하고 있음을 알 수 있다.

이와 함께 석가산 조영의 주된 사상적 배경으로 신선사상 내지 노장사상(老莊思想), 더 나아가 종교로서의 도교사상을 들지 않을 수 없다. 순수한 유가적 입장에서 석가산을 만들거나 석가산을 주제로 한 문학 작품을 남긴 경우는 매우 드물다. 도교사상과 석가산의 관계를 읊은 작품으로는 다음과 같은 것이 있다.

먼저 촌은(村隱) 유희경(劉希慶, 1545~1636)의 시 「지가운의 석가산에 붙이다(題池駕雲石假山)」는 석가산과 도교사상의 관계를 엿볼 수 있게 하는 자료이다. 용재(慵齋) 성현(成俔)의 「석가산부(石假山賦)」는 우리나라 한문학 작품 가운데 석가산을 도교사상 내지 신선사상과 관련시켜 서술한 작품으로 손꼽힌다. 『노자』 제45장에서는 "큰 솜씨는 서투른 것 같다(大巧若拙)"고 하였다. 위의 '부'에서 말한 경지에 이르면 '인공의 산'이라는 것이 문제될 수 없고 또 졸렬한 것이 문제될 수 없는 것이다. 한편, 삼탄(三灘) 이승소(李承召)의 「석가산」[170]부는 분량은 성현의 것에 훨씬 미치지 못하지만 처음부터 끝까지 신선사상 내지 도교사상에 연결시켜 석가산을 읊었다.

신선사상과 관련된 문장을 구체적으로 들면 다음과 같다.

지가운(池駕雲)의 석가산에 붙이다〔題池駕雲石假山〕[171]

我見君家石假山 내가 자네 집의 석가산을 보건대

層巒競出白雲間 층층 봉우리가 흰 구름 사이에 솟아 있네.

從今若遇安期子 이제 만일 안기자를 만난다면

共入烟霞學鍊丹 안개 속에 함께 들어가 연단술 배우리.

석가산(石假山)[172]

飛上太淸謁虛皇　태청(太淸)으로 날아 올라 허황(虛皇)을 알현하고

玉堂金殿長周旋　옥당(玉堂)과 금전(金殿)에서 오래 활약하였네.

　　　　……

歷遍雄州與名都　큰 고을과 이름난 도시 두루 거치고

靈山福地探幽玄　그윽한 영산(靈山)과 복지(福地)를 찾아다녔네.

麻姑仙子喜相迎　마고선녀(麻姑仙女)가 기뻐하며 맞이하니

최태보의 집에 석가산 세 개가 있는데, 봉우리와 골짜기가 영롱하여 아름다웠다. 그중 하나를 바꾸어다가 서실 곁에 두고 싶었으나 나의 집에는 한 가지 물건도 그 가치에 상당할 것이 없으므로, 우선 동파의 호중구 화운을 사용하여 태보에게 바치다.〔崔台甫家有石假山, 三朶峯巒, 洞穴玲瓏, 可愛也. 欲易其一, 置之書室傍. 僕之家, 無一物可相直者, 姑用東坡壺中九華韻呈台甫〕173)

君家曾眄碧三峯　그대 집에서 일찍이 푸른 봉우리 세 개를 보니

塵土襟懷忽已空　속세에 물든 마음 홀연히 사라졌다네.

萬里仇池來脚底　만 리 떨어진 구지가 다리 밑으로 오고

千尋圓嶠列庭中　천 길 높이의 원교가 뜰에 늘어섰구나.

서하당(棲霞堂) 성산에 있다(在星山)174)

　方丈三韓外　삼한 밖에 있는 방장산

奇峯千萬重　기이한 봉우리 천만 겹이라네.

波衝餘瘦骨　파도에 부딪혀서 골격이 수척해졌으니

來對古仙翁　옛 선옹을 마주한 것 같네.

조씨의 석가산기문〔曹氏石假山記〕[175]

집안을 벗어나지 않고도 아득히 천리 밖에 있는 방장산을 생각나게 하니, 참으로 기이한 구경거리이다.

조석우 백홍의 석가산에 쓰다〔題曹錫禹伯興石假山〕[176]
　人道蓬壺在海濱　사람들은 봉래산이 바다에 있다 하는데
　誰將秀色箇中分　누가 그 속에서 빼어난 모습 분별할까.
　　　　　　……
　高枕偃遊摠讓君　편히 누워 신선놀음 하는 것을 모두 그대에게 양보하노라.

단산(丹山＝丹陽) 원님에게 보내어 산개(山芥), 해청(海靑), 괴석(怪石)을 청하다〔投丹山守, 乞山芥海靑怪石〕」[177]
　汩沒湖塵今幾年　속세에 골몰한 지 이제 몇 해나 되었는가
　蓬萊何處訪群仙　어느 곳에서 봉래산의 신선들을 찾으리오.
　倩君一片沈沙石　그대에게서 모래 속에 파묻힌 한 조각돌을 빌려오니
　玄圃閬風轉眼邊　현포(玄圃) 낭풍(閬風)을 눈앞에 옮겨온 듯하네.

침향 괴석(沉香恠石)[178]
　葛洪如可遇　갈홍 같은 신선을 만날 수 있다면
　留與鍊金丹　머물러 함께 금단을 만들리라.

석가산 만드는 기법

석가산 만드는 기법의 기본은 연못을 파서 물을 끌어오고, 돌을 쌓아 가산을 만드는 것이다. 연못에 물을 대고 석가산에는 여러 가지 초목을 심고 정자를 배치했다.

석가산 봉우리는 한 개가 아니라 여러 개도 있었으며, 최대 서른여섯 봉우리로 된 석가산도 있었다. 이는 다음 예문에서 확인할 수 있다.

봉우리는 겨우 여섯 개인데 가파르고 들쭉날쭉하여 다함이 없는 자태가 있고, 골짜기는 겨 우 두 곳인데 깊숙하고 텅 비어 끝없는 기세가 있다. 돌을 빌려다 산을 만들었지만 이것을 보는 사람들은 진짜 산인가 의심한다. [179]

고을 북쪽에는 괴석이 많다. 올해 봄에 나는 친구 몇 명과 함께 곡수회(曲水會)를 열고, 그중에 가장 괴이한 것을 가져다 석가산을 만들었다. 너비는 몇 보 정도 되는데 모두 서른여섯 봉우리였다. [180]

석가산 규모는 한 길, 자, 척 치, 몇 보, 아름 등으로 조금 구체적으로 표현되거나 주먹만한 크기 등으로 추상적으로 표현되었다. 다음 예문들은 조선시대 문집에서 석가산의 규모를 표현한 내용들이다.

· 산의 높이는 한 길이 넘고 그 밑둥 또한 몇 아름이나 되었다. [181]
· 높이가 겨우 한 길 [182]
· 높이는 한 척 한 치 남짓, 둘레는 몇 아름쯤 [183]
· 높이는 몇 척이 되지도 않으면서 [184]
· 주먹만한 두 봉우리 [185]

· 크기는 두 아름 정도 되고, 높이는 세 자 반쯤[186]

· 너비는 몇 보 정도 되는데 모두 서른여섯 봉우리[187]

· 키가 몇 자쯤 되는 것이 서로 마주 서 있었다.[188]

· 크기는 한 자도 되지 않고, 둘레는 한 주먹도 되지 않았다[189]

· 길이는 한 자를 넘지 않고 둘레도 몇 자 되지 않는다.[190]

　　석가산에 폭포도 만들었다. 평안감영의 경우 석가산과 판축하여 연못을 만들고, 정자를 세웠다. 정자를 만들고 나서는 주변에 식재를 하여 아름답게 꾸몄다. 식재의 종류로는 국화를 심은 것도 있었고,[191] 소나무, 석죽, 이끼 등을 심기도 하였다. 연못에서는 작은 물고기가 노닐기도 했다. 이렇게 아름답게 꾸며진 석가산에 들어가면 마치 산수 간에 있는 착각을 들게 한다. 다음 예문들은 석가산의 의장에 관한 것들이다.

石作崗巒板作塘　돌로 산봉우리 만들고 판축하여 연못을 만들며
小亭新構更添光　작은 정자를 새로 지으니 다시 빛을 더하는구나.
風來水面凉侵席　바람이 수면 위를 스치니 서늘함이 자리를 침범하고
雨洗山容翠滴裳　비가 산의 모습을 씻으니 푸른 물방울이 옷을 적시네.[192]

　　장암산(藏巖山)은 만 겹으로 둘러싸이고 가파르게 깎여 있다. 여기에 집을 지은 자는 배씨(裵氏)이다. 집 아래에는 기이한 꽃을 심었고, 꽃 사이에는 작은 봉우리 하나가 있는데, 용의 머리에 봉황의 꼬리이며, 범이 엎드린 듯하고 곰이 걸터앉은 듯하니, 석가산이라고 한다. 그 위에 소나무와 대나무를 심어 아

침 안개와 저녁노을이 감돌게 하였으니, 이것이 바로 기이하고 빼어난 곳이다. 바라보면 마치 천축(天竺)의 비래봉(飛來峯)과도 같다. 산 위에는 정자가 있고, 정자 아래는 이 산 하나로 둘러싸여 있으니, 저절로 딱 맞아떨어진다. 산은 주먹만한 하나의 돌이 많이 모인 것이다. 이 산은 산의 뼈를 빌려 진면목으로 삼은 데다 저절로 만들어진 것이요, 깎거나 다듬지 않았으니 더욱 기이하다는 것을 알 수 있다.[193]

집에 석가산 하나가 있다. 그 높이는 한 척 한 치 남짓이며 둘레는 몇 아름쯤 된다. 봉우리와 골짜기, 잔도와 오솔길이 은은하고 미미하게 갖추어져 있다. 형질은 마치 푸석푸석한 눈과 같은데 색깔은 희고, 물 기운이 통하여, 푸른 이끼가 짙고 옅게 그 꼭대기에 가득하다. 아래에는 동굴 셋이 있는데 모두 주먹 하나가 들어갈 만하다. 거기에는 흙을 메워 무언가를 심을 만하다. 아침저녁으로 바라보면 그 형체는 조물주가 만든 것이요, 그 기이함은 다른 사람이 멋을 알아주기를 기다린 것이다. 한 자 한 치의 바위를 옮겨다 놓고 구름까지 닿는 형세를 상상하고, 몇 아름 되는 바위를 잡고서 땅에 서린 산뿌리를 논하게 된다. 그 봉우리는 우뚝 솟아 흘연 억 장이나 되는 듯한 높이와 같고, 그 골짜기는 깊고 그윽하여 아득히 천 길이나 되는 깊이와 같다. 은은한 것은 펑퍼짐한 산자락이 되고, 미미한 것은 가파른 산봉우리가 되어 아련히 마음속으로 들어오는 것 같다. 잔도를 부여잡고 덩굴을 헤치며, 오솔길에 앉아 구름과 안개의 그늘에서 쉬노라니, 새와 짐승, 숲에 부는 바람 소리가 갑자기 바람, 개울 소리와 함께 귀에 가득 찬 듯하여, 이 몸이 작은 돌 옆에 있는지도 알지 못하니 매우 기이하다.……내가 작은 돌멩이로 만들어진 천 개의 빼어난 봉우리와 만 개의 그윽한 골짜기를 마주하면,……나는 젊었을 때 장인이 돌을 다듬는 것을 보고 따라하고자 못을 가지고 무너진 봉우리를 깎아내었는데, 마침내 그만두고 버려두었다. 그러나 이제는 후회하고 시든 풀더미 속에서 찾아다 그 흙을 벗겨내고 막힌 것을 씻어내어 마루 동쪽에 물 담은 동이를 놓고 그곳에 담아두었다. 그리고 거기에 심을 만한 두 그루 소나무를 얻었는데, 오랜 세월을 거쳤으나 자라지 않고 구불구불한 것으로 높이는 겨우 몇 치였다. 그 꼭대기에 심어놓고 홍취를 더하였으니, 보는 사람들이 모두 좋아하고 감상할 줄을 알게 되었다. 아! 돌이 쓰여지고 버려짐이 모두 여기에 있었다. 내가 느낀 바 있어 기록한다.[194]

 먼저 큰 것을 받침으로 삼고, 둘러싸며 높이 쌓았는데, 위로 갈수록 점차 줄어들게 하고, 자잘한 것을 안에다 채웠다. 흙을 섞어 메워서 무너지지 않게 하였더니 크기는 두 아름 정도 되고, 높이는 세 자 반쯤 되었다. 마침내 '가산'이라 이름 짓고 아침저녁으로 창가에 기대어 보았다. 그 우뚝 솟은 모습을 보면 평지에 기울어진 곳이 없고, 몸체가 모나지 않고 둥글어 마치 모서리가 없는 것 같았다. 돌 표면은 이지러진 것이 많아 마치 굳세어 세속과 영합하지 않으려는 뜻이 있는 듯하다. 이에 그 꼭대기에 구기자를 심고, 또 틈이 벌어진 곳은 덩굴풀이 자랄 만하여, 때를 만나면 푸르게 되고 때를 만나면 꽃이 피기도 하였는데, 새하얀 모습은 변한 적이 없었다.[195]

 나는 일찍이 우울증이 있어서 마음을 둘 곳이 없었다. 그래서 물을 담은 동이 안에 돌 두 개를 놓았는데, 하나는 봉우리가 둘이라 세 봉우리의 형세가 있어 자못 기이하고 높다란 모습이 있었다. 바위틈에 작은 소나무 두세 그루를 심고 사이사이에 석죽(石竹)도 심었다. 또 이끼를 덮으니 푸르고 윤이 나서 즐길 만하였다. 그 바닥을 비워서 몇 개의 구멍을 만들고 작은 물고기 십여 마리를 그 속에 집어넣으니 때때로 마름풀 사이에 나와서 노닐었다. 물을 마시기도 하고 내뱉기도 하면서 이리저리 다니다가 갑자기 한꺼번에 사라지기도 하니, 마치 강호의 흥취가 있는 것 같아 보는 사람들이 기이하다고 일컬었다.[196]

이렇듯 석가산은 자연의 승경을 본떠서 아름답게 조성되었다. 많은 문인들은 석가산을 삼신산(三神山) 혹은 신선세계에 비유하고 이곳에서 와유를 즐겼다.

전북 논산 윤증고택 석가산 (우측 기단 위)

목가산

 목가산은 줄기를 잘라 낸 나무의 밑동의 괴기한 등걸로 만든다.

 매화 등걸로 목가산을 만든 경우가 있다. 또, 침향목(沉香木)으로
도 목가산을 만들었다. 목가산을 만들고 나서는 주변에 여러 가지 풀
을 심고, 물을 적셔 안개가 피어나게 하였다.

 다음은 목가산의 만드는 법에 관한 글들이다.

창밖의 매화 봉우리가 두루 눈서리를 맞아 시를 짓다. 일찍이 매화나무 등걸로
가산을 만들었다〔窓外梅峯 徧受氷雪 有作. 曾以梅槎爲假山〕[197]

목가산(木假山)[198]

 梅根朽其盤 매화 등걸 그 밑둥이 썩었지마는

 磨洗遂爲山 갈고 닦아 마침내 산을 만들었네.

 巑岏生眞態 봉우리 낭떠러지 진면목 생겨나니

 森然萬古顏 분명 태곳적 모습이로다.

침향괴석(沉香恠石)[199]

 一片沉香角 한 조각 침향목 모서리

 何年落世間 어느 해에 세상에 떨어졌나.

 幸因老師手 다행히도 노련한 장인의 솜씨로

 巧作數重巒 공교롭게 겹겹의 산등성이를 만들었네.

 亂壑苔痕古 어지러운 골짜기엔 이끼 흔적 예스럽고

尖峯劍氣寒 뾰족한 봉우리엔 칼 기운 오싹하네.

목가산기(木假山記)[200]

이웃에 사는 정생(鄭生)이 나무꾼 아이에게 말라비틀어진 나무를 얻었다. 그
것을 질그릇 항아리에 담고 흙을 넣은 뒤 여러 가지 풀을 앞뒤의 빈틈에 심고
서 가산(假山)이라 이름하였다. 그리고 나에게 주어 한가한 가운데 눈요깃거
리로 삼도록 했다. 나는 처음에 그것이 산이지 나무가 아니라고 의심하였다.
가까이 가서 자세히 살펴본 뒤에야 그것이 산을 닮은 나무라는 것을 알았다.
더욱 좋은 것은 때때로 끓는 물 몇 모금을 그 몸통에 적시면 마치 그 사이에서
안개가 피어나는 것 같았다.

목가산기(木假山記)[201]

 높고 구불구불하며 가파르고 우뚝한 것이 마치 산의 형상과 같았다. 산의 옆
에는 소나무가 우뚝 솟아 있고 대나무가 성글게 심어져 있어서 나무와 줄기가
살아 움직인다.

 다음의 글들에서 보면 목가산 역시 삼신산이나 신선세계에 비유한
경우가 많았다

목가산기(木假山記)[202]

마침내 세 개의 목가산을 얻었다. 하나만 있어도 이미 기이한데, 두 개, 세 개에
이르렀으니 더욱 기이하였다. 마침내 삼신산의 이름을 따서 이름을 지었다.

목가산. 장난삼아 소식과 매요신의 운을 쓰다〔木假山, 戲用蘇雪堂梅宛陵韻〕[203]

水嚙沙蝕不記秋　오랜 시간 동안 물에 부딪치고 모래에 갈리며

春撞走石隨洪流　큰 물길을 따라 달리는 돌에 부딪치고 찧었네.

三峯幻出非人鎪　황홀한 세 봉우리는 사람이 새긴 솜씨 아니요

左右戈劍尊豪酋　좌우에서 창칼을 들고 우두머리를 높이는 듯

玩好爭同溝斷棄　완호품이 어찌 도랑에 버려진 나무토막과 같겠는가.

化質天全少悔尤　천연의 바탕을 온전히 하여 허물이 적네.

窈焉盤谷高石廩　그윽한 반곡에 높다란 석름봉

彷髴釣瀨中羊裘　조뢰암(釣瀨巖)의 양가죽 옷 입은 이와 비슷하네.

홍칠하의 목가산 시에 차운하다〔次洪七何木假山韻〕[204]

奇根好作巉屼勢　기이한 뿌리는 곧잘 가파른 산세를 만들었으며

傲骨羞爲媚嫵顏　오만한 골격은 고운 얼굴 만들기를 부끄럽게 여겼네.

斧露劚來靈隱石　벼락 같은 도끼로 영은산의 돌을 가르고

罡風吹落洞庭山　북쪽에서 불어오는 거센 바람이 동정산을 떨어뜨렸네.

옥가산

옥가산은 주로 붓글씨에 쓰는 먹물을 담아두는 연적이며 옥으로 만들었다. 옛 문인들은 즐겨 서가에 옥가산을 비치했을 것이다. 중국 청대의 옥가산 유물이 보존되어 있어서 그 품격을 감상할 수 있고, 조선시대의 문집들에서는 옥가산의 형상, 상징 등의 기록을 종종 볼 수 있다. 조선 중기의 문신, 학자인 김우옹(金宇顒)이 한강 정구 선생이 옥가산을 보내주신 데 대한 감사 인사로 쓴 시이다.

벗께서 내가 초야(草野)를 그리워하는 걸 아시고는

동강의 칠점산 풍경을 본떠서 만드셨네.

시험삼아 무산에서 나는 옥 한 조각을 구하여

호리병에 구화산을 뚜렷하게 새겼네.

아침 놀은 저녁 구름에 뜻이 있으며

백학은 푸른 솔에서 한가롭네.

어찌하면 황관에 야복을 입고서

바위 골짜기 푸른 숲 속에서 살 수 있을꼬?

謝鄭寒岡 述 送玉假山 東岡 金宇顒 東岡先生文集卷之一

故人知我戀邱園 擬作東岡七點顏 試取巫川一片玉 宛成壺裏九華山 朝霞暮

靄精神在 白鶴蒼松意思間 安得黃冠兼野服 置身巖壑翠微間

여기에서 황관(黃冠)은 풀로 만든 평민의 관으로 ① 벼슬 못한 사람
② 도사(道士)의 관 ③ 도사를 말한다.

유도원(柳道源)의 '옥가산기 연적이 산의 모양을 하고 있어서 이
렇게 이름 지었다[玉假山記 硯滴象山形 故名]'는 연적으로 사용한
옥가산의 형상과 사찰 배치, 물 처리 기법을 보여주고 명산의 대표적
인 폭포에 비유한 글이다.

산은 모두 다섯 봉우리인데 가운데 있는 것은 가파르고 높았다. 양 옆으로 가
면서 조금씩 낮아지며 빼어남을 겨루는 것이 넷이었다. 네 면에는 기암괴석(
奇巖怪石)이 이루 헤아릴 수 없이 많았고, 바위틈과 돌구멍에는 때로 사찰을

중국 청대 옥가산 (미국 스탠퍼드 대학 박물관 소장)

두기도 하였다. 그 가운데를 비워 물 한 되를 담을 수 있게 하고, 동쪽과 서쪽 두 봉우리에는 물이 들어오고 나가는 구멍이 있다. 때때로 물이 나와 흐르면 마치 높은 산에서 떨어지는 폭포와 같이 황홀하였다. 완상하며 음미하노라니, 냉산(冷山:백두산)의 장백폭포(長白瀑布)와 향로봉(香爐峯)의 비류폭포(飛流瀑布)를 앉아서 보는 것 같았다. 『노애집(蘆厓集)』 권7

괴석(An Oddly Shaped Stone)

괴석(怪石)은 『조선왕조실록(朝鮮王朝實錄)』에는 괴석(恠石)으로도 표기되는데, 여러 문헌을 통해 괴석에 대한 기록을 찾을 수 있다. 특히 조선조 정조(正祖)때의 김홍도(金弘道) 그림과 연관된 홍미로운 기록이 남아 있다.

신축년(辛丑年) 청화절(淸和節: 1781년 4월)에 김홍도는 담졸(澹拙) 강희언(姜熙彦)과 창해옹(滄海翁) 정란(鄭瀾)과 함께 아회(雅會)를 가졌는데 그로부터 5년 후 강희언은 타계하여 고인이 됐고 자신은 집안이 궁핍하여 산남(山南)의 객관(客館)²⁰⁵⁾에서 기식(寄食)하고 있었다. 그런데 홀연히 창해옹이 찾아오니 그 옛날이 생각나서 그림을 그렸다는 것이다. 그 그림이 바로 <단원도(檀園圖)>인데 암벽으로 둘러친 뒤뜰의 연못에는 연꽃이 피었고 그 옆으로 괴석(怪石)이 놓였으며 그 너머로는 성곽이 그려져 있다.

이처럼 실경산수화(實景山水畵)를 통해서도 괴석을 볼 수 있는데 찬찬히 살펴보면 중국 정원에 나오는 천축석(天竺石)이나 태호석(太湖石)²⁰⁵⁾과 그 모양이 거의 비슷하다.

민화(民畵)나 그 밖의 회화에서는 괴석이 자주 등장하고 이것 또한 중국 돌(石)과 모양이 비슷하다. 이와 다른 모양으로는 순조(純祖) 때(1826~1830)에 제작된 <동궐도(東闕圖)>를 통해 궁궐 곳곳에 괴석이 석분에 심어져 배치되어 있는 것을 볼 수 있다.

오대궁(五大宮)의 하나인 창덕궁(昌德宮) 연경당(演慶堂) 사랑채 담벽에 배치되어 있는 괴석은 지금도 볼 수 있고 낙선재(樂善齋) 화계(花階)와 창경궁(昌慶宮)과 경복궁(景福宮)의 아미산(峨嵋山) 정원에도 괴석이 남아있다.

<동궐도(東闕圖)>에 그려진 괴석과 창덕궁이나 창경궁 그리고 경복궁의 괴석은 단원시대의 괴석과 달리 자연석의 독특한 모양이며,

김홍도의 〈단원도〉

창덕궁 연경당 괴석. 석분에 심겨져 있다

모양 좋은 돌이 석분에 심어져 있거나 땅에 괴석을 그대로 심은 형식으로 앞서 말한 중국의 천축석, 태호석의 괴기한 모습과는 전혀 다르다.

그동안 필자는 이러한 애석(愛石) 취향의 뿌리를 규명해 보려고 노력해왔으나 고증(考證)의 부족으로 어려움을 겪고 있다. 필자가 20년 전에 수행(修行)한 운현궁(雲現宮) 조경정비계획 시 운현궁에 있었던 몇 점의 괴석을 후손이 가져갔다는 사실만을 확인했을 뿐이다. 하여튼 조선 후기에 들어와서 궁궐이나 양반가에 괴석을 놓고 즐긴 흔적을 경북 달성의 하엽정 연못가 괴석 등 곳곳에서 살필 수 있다. 우리에게 돌을 놓고 감상하는 취미가 있었다는 사실은 현존(現存)하는 최고(最古)의 조경유적지(造景遺蹟址)인 통일신라시대(統一新羅時代) 안압지(雁鴨池) 발굴 시 동쪽 호안(護岸)에도 돌이 놓

창덕궁 낙선제의 괴석

여 있는 것을 통해 알 수 있었다. 또한 이미 조선조에 괴석이 독립석
으로 완상(玩賞)되어 왔던 것이다.

돌을 감상하는 취미는 〈단원도(檀園圖)〉에서 볼 수 있듯이 조선
중기까지는 중국과 유사했을 것이다. 그러나 차츰 우리만의 독특한
문화양식으로 발전해 왔던 것 같다. 필자가 이 글에서 자료로 제시한
사진을 통해서도 드러나듯이 우리의 애석 취미는 일본(日本)정원의
애석취미 특히 고산수정원(枯山水庭園)과도 사뭇 다름을 확연히 알
수 있다. 이처럼 괴석 완상의 취미는 중국과 일본의 애석 취미와 구분
되는 조선조 후기의 독특한 문화양식이라고 말할 수 있다.

괴석의 모양과 다듬는 법 등이 조선시대 시문에 잘 기록되어 있다.
괴석의 모양은 동물의 형상을 한 것도 있고, 노송이나 신선의 모습을
한 것도 있었다. 괴석에 소나무를 심기도 하고 이끼를 덮어서 장식하
거나, 작은 못을 만들기도 하였다. 이렇게 만들어진 괴석은 명승지나
대자연, 신선세계에 비유되었다.

1 창경궁 　2.3 괴석 창경궁 통명정지 괴석. 삼신산을 상징한다

태봉괴석(苔封怪石 : 이끼로 덮인 괴석)[207]

風扣坳有穴　바람이 두드려 팬 곳은 구멍이 있고

雨洗峭成稜　비에 씻겨 깎인 곳은 모가 나 있네.

剝落千年態　천년의 세월에 벗겨진 모양이고

巉岩大古層　가파른 바위는 태곳적에 쌓인 것이네.

無由究終始　처음과 끝을 궁구할 길 없고

只見綠苔凝　그저 푸른 이끼 엉긴 것만 보이네.

괴석시 뒤에 부치다[208]

　하유노옹(何有老翁)이 하루는 산금헌(散襟軒)의 남쪽 정원에 서 있었다. 지팡이가 부딪치는 곳에 딸그락거리는 소리가 나기에 그곳을 팠더니 두 개의 돌을 얻었다. 영롱하고 기괴하였으며 교묘한 무늬가 둘러싸고 있었다. 흙을 털어버리니 돌의 몸통이 드러났고, 샘물을 부으니 색깔이 나타났는데, 마치 흐드러진 꽃으로 이어진 듯하였다. 그리하여 무늬를 옻칠한 탁자에 받쳐 놓고,

비비정쌍괴석기(飛飛亭雙怪石記)[209]

진산(津山) 구씨(舅氏)께서 나에게 당(堂)에 앉아서 남쪽 창문을 열고 뜰을 보라 하였다. 무너진 담장 아래에는 전에 없던 키가 몇 자쯤 되는 것이 서로 마주 서 있었다. 나는 그것이 무슨 물건인지 알 수 없었다. 날짐승인가 하고 보면, 새하얀 학이나 푸른 송골매가 구만 리 푸른 하늘을 다투어 올라가다가 중도에 잘못하여 인간 세상에 떨어지자 양 어깨를 움츠리고 우러러보면서 다시 날아 오르려 하는 모습 같았다. 들짐승인가 하고 보면, 이는 놀란 표범이나 성난 호랑이가 밤이면 인가로 내려왔다가 해가 뜨면 감히 사람들을 접하지 못하고 용맹함을 감추고 구석진 곳으로 가서 웅크리고 앉아 사람들이 알까 두려워하는 모습 같았다. 나무의 그루터기인가 의심해보면, 꺾인 흔적이 있고, 벌레 먹은 흔적이 있었으니 곤륜산의 오래된 소나무가 천 년의 오랜 풍상을 겪어 가지와 줄기는 바람에 떨어지고, 뿌리와 밑둥은 물에 잠겼으나 남아 있는 몸통은 다 썩지 않고 두 겹의 이끼가 끼어 무늬가 겹겹으로 깊고 얕게 얽혀 자연스런 모습이 있는 것 같았다. 늙은 사람인가 하고 보면, 머리와 정수리가 있고 배와 등이 있으며, 허리는 구부러지고 얼굴에는 때가 끼어 무릉도원(武陵桃源)의 신

1 창경궁 아미산 정원 괴석   2 경복궁 아미산정원 괴석

선이 진산(津山)의 산수 경치가 좋다는 말을 듣고 그 친구와 함께 찾아왔다가, 이윽고 신선과 보통 사람들의 풍도가 달라 속세 사람들과는 만날 수 없는지라 갈 곳 없는 사람처럼 묵묵히 마주 앉은 듯하였다. 그것이 작은 줄도 잊은 채 산이라 여겨 바라보면, 층층의 봉우리가 구부정하고 깎아지른 절벽이 서 있으며 바위와 산등성이가 줄지어 서 있고 골짜기가 깊고 그윽하여 마치 아름다운 풀이 무성하고 푸른 안개가 생겨나는 듯하였다. 나는 무슨 물건인지 알지 못하여 마침내 손으로 어루만져본 뒤에야 날짐승도 길짐승도 뿌리가 있는 것도 신령한 것도 산도 아니고, 그저 두 개의 딱딱한 바위라는 것을 알았다. 그런 뒤에야 그 모양이 매우 괴이하다는 것을 알게 되었고, 그런 뒤에야 구씨가 당 앞에다 갖다놓은 까닭을 알게 되었다.

괴석을 빌려주었는데 돌려주지 않아서 밤중에 사람을 시켜서 몰래 가져오게 했다는 이야기가 있다. 괴석에 대한 깊은 사랑을 재미있게 표현했다.

속괴석기(續怪石記) [210]
내 친구 정계(鄭啓)에게는 남에게 빌려준 괴석이 있었는데, 내가 정군에게 달라고 하여 허락을 받았다. 아이 종을 보내서 지고 오게 하였는데, 빌려간 사람이 아까워하여 주지 않았다. 세 번이나 왔다 갔다 하였는데, 갈수록 더욱 숨기는 것이었다. 내가 몰래 아이 종에게 일러주었다.
"네 모습을 감추고 몰래 찾아보거라. 마치 개 짖는 소리를 잘 내는 식객이 진(秦) 나라에 들어가 호백구(狐白裘)를 훔친 것처럼 하여라.
어떤 사람이 나에게 몰래 말해주는 사람이 있었다.

경북 달성 하엽정 연못가 괴석

조(趙)나라의 병부는 항상 왕의 침실에 있으니, 여희(如姫)가 아니면 훔칠 수
없네. 내가 그것을 따라해 보겠네."

아이 종이 그 방법대로 해서 마침내 해냈다. 저 보관한 사람은 스스로 굳게 지
키고 있다 생각하겠지만, 밤중에 힘 있는 사람이 이미 짊어지고 달아난 줄도
모를 것이다.

돌의 모양은 매우 기이한데 물을 잘 먹고, 여러 가지 아름다움이 모두 갖추어
져 있었다. 내가 모아놓은 것이 비록 여러 개이지만 모두 보잘것없고, 이것이
으뜸이었다. 이전의 돌은 애당초 기괴한 것이 아니었고 기괴한 것은 여기에 모
여 있다는 것을 알게 되었다.

163) 와유(臥遊) : 직접 산수(山水)를 노닐지 않고 누워서 그림의 경치를 보고 즐기는 것을 말한다.

164) 『南史』 권75, 「列傳–隱逸上」, 〈宗少文〉 참조.

165) 『論語』 · 「雍也」, "子曰, 知者樂水, 仁者樂山. 知者動, 仁者靜, 知者樂, 仁者壽."

166) 『中庸』 26장. 원문, "今夫山, 一拳石之多, 及其廣大, 草木生之, 禽獸居之, 寶藏興焉. 今夫水, 一勺之多, 及其不測, 黿鼉蛟龍魚鼈生焉, 貨財殖焉."

167) 「제물론」의 萬物齊同 사상 – 『莊子』의 內篇 7편 중의 제2편. 만물을 齊一하게 보는 이론으로서 '모든 만물은 하나이고 평등하다'는 관점에서 사물을 보는 관점이다. 선과 악, 미와 추, 나와 너 등의 차별은 무의미하며 모든 사물을 차별하지 않는 절대적 평등의 관점에서 바라보는 것이다.

168) 『修山集』, "是以, 達人一視. 余雖不足爲達人, 其所願者, 自重而輕物, 寡欲而易求, 當自觀小石始. 是爲記"

169) 『海佐集』, "夫物固有大小, 而吾之觀不因物而局, 則大未始見其爲大. 小未始見其爲小. 而物之大小無定. 非觀於物之外者, 弗能焉."

170) 『삼탄집』 권9, 「石假山」.

171) 유희경(劉希慶), 『촌은집(村隱集)』 권1.

172) 이승소(李承召), 『삼탄집(三灘集)』 권11.

173) 김종직(金宗直), 『점필재집(佔畢齋集)』 권16.

174) 임억령(林億齡), 『석천선생시집(石川先生詩集)』 권4.

175) 오도일(吳道一), 『서파집(西坡集)』 권17.

176) 오도일(吳道一), 『서파집(西坡集)』 권8.

177) 박상(朴祥), 『눌재집(訥齋集)』 권4.

178) 유희경(劉希慶), 『촌은집(村隱集)』 권1.

179) 석가산기(石假山記)」, 정범조(丁範祖), 『해좌집(海左集)』 권23.

180) 「석가산기(石假山記)」, 심규택(沈奎澤), 『서호문집(西湖文集)』 권5.

181) 「가산기(假山記)」, 서거정(徐居正), 『사가집(四佳集)』 「문집(文集)」 권1.

182) 「가산찬(假山讚)」, 강희맹(姜希孟), 『사숙재집(私淑齋集)』 권5.

183) 「가산찬(假山讚)」, 강희맹(姜希孟), 『사숙재집(私淑齋集)』 권5.

184) 「괴석(怪石)」, 허목(許穆), 『기언(記言)』 별집(別集) 권1.

185) 「가산. 임언실 희무의 시에 차운하다. 절구 두 수(假山. 次林彦實希茂韻. 二絶)」, 노진(盧禛), 『옥계집(玉溪集)』 권1.

186) 「석가산기(石假山記)」, 남용만(南龍萬), 『활산문집(活山文集)』.

187) 「석가산기(石假山記)」, 심규택(沈奎澤), 『서호문집(西湖文集)』 권5.

188) 「비비정쌍괴석기(飛飛亭雙怪石記)」, 이기발(李起浡), 『서귀유고(西龜遺稿)』 권6.

189) 「괴석후기(怪石後記)」, 한태동(韓泰東), 『시와유고(是窩遺稿)』 권4.

190) 「석가산설(石假山說)」, 박진경(朴晉慶), 『와유당문집(臥遊堂文集)』.

191) 「국화를 심은 석가산을 준 김언우에게 감사하며 차운(次韻)하다〔次韻謝金彦遇惠石假山種菊〕」, 이황(李滉), 『퇴계집(退溪集)』 권5.

192) 「기영(箕營)에서 가산과 판지(板池)를 만들고 작은 정자를 짓고 아무렇게나 읊어본다〔箕營作假山板池, 因構小亭, 漫詠〕」, 조태채, 『이우당집(二憂堂集)』 권1.

193) 「장암석가산기(藏巖石假山記)」, 강헌지(姜獻之), 『퇴휴문집(退休文集)』 권2.

194) 「석가산기(石假山記)」, 나중경(羅重慶), 『비목헌집(畀牧軒集)』.

195) 「석가산기(石假山記)」, 남용만(南龍萬), 『활산문집(活山文集)』.
196) 「분지소석기(盆池小石記)」, 이종휘(李種徽), 『수산집(修山集)』 권3.
197) 김인후(金麟厚), 『하서전집(河西全集)』 권5.
198) 김인후, 『하서전집』 권5.
199) 유희경(劉希慶), 『촌은집(村隱集)』 권1.
200) 박장원(朴長遠), 『구당집(久堂集)』 권15.
201) 임창택(林昌澤), 『숭악집(崧岳集)』 권2.
202) 김약련(金若鍊), 『두암집(斗庵集)』.
203) 김안로(金安老), 『희락당고(希樂堂稿)』 권4.
204) 허훈(許薰), 『방산집(舫山集)』 권5.
205) 객관 : 객사라고도 하는 여관의 기능을 하던 숙박시설.
206) 태호석 : 중국 강소(江蘇) 지방의 태호(太湖) 의 호저(湖底) 또는 섬의 바위산으로부터 채취한 암석. 큰 것은 높이가 4장(丈) 이나 되었다고 한다.
207) 김수온, 『식우집』 권4.
208) 김이안(金履安), 『삼산재집(三山齋集)』 권8.
209) 이기발(李起浡), 『서귀유고(西龜遺稿)』 권6.
210) 한태동, 『시와유고』 권4.

장독대

JANG-DOK-DAE : household pottery dias

장독대는 장이나 된장 등을 담은 독과 항아리를 놓아 두는 곳으로 대부분 한가하고 바람이 잘 통하
는 양지바른 뒤뜰 정갈한 곳에 자리잡고 있다. 담이 없는 집이면 바로 뒷동산 자락에 있어 산고 이
어지고 담이 있으면 나지막한 담장과 어울려 자연과 조화를 이룬다. 뒤뜰이 마땅치 않고 옹기종기
집이 들어선 곳에서는 우물이나 수돗물이 가까우면서 높고 깨끗하고 양지바른 곳에 위치한다.

장독대와 김장 담그는 모습 (사진으로 보는 조선시대. 서문당 P60)

장독대
JANG-DOK-DAE : household pottery dias

　　장독대는 장이나 된장 등을 담은 독과 항아리를 놓아 두는 곳으로 대부분 한가하고 바람이 잘 통하는 양지바른 뒤뜰 정갈한 곳에 자리잡고 있다. 담이 없는 집이면 바로 뒷동산 자락에 있어 산과 이어지고 담이 있으면 나지막한 담장과 어울려 자연과 조화를 이룬다. 뒤뜰이 마땅치 않고 옹기종기 집이 들어선 곳에서는 우물이나 수돗물이 가까우면서 높고 깨끗하고 양지바른 곳에 위치한다.

　　우리나라에서는 간장, 된장, 고추장, 김치와 같은 발효식품이 매우 발달했다. 이미 이 식품들의 맛과 영양은 높이 평가되고 있는데, 주부들은 집안 식구들의 입맛과 건강을 위해 발효식품들의 저장에 특히 많은 정성을 기울였다. 그래서 우리 할머니와 어머니는 언제나 장독대를 소중히 여기고 정갈하면서 아름답게 관리하고자 노력해 왔다.

　　장독대는 잡석이나 제법 큰 돌로 한 단 축대를 쌓고 그 위에 장독을 놓는다. 장독 뒤쪽은 산이나 담장이기 때문에 큰 독을 서너덧개 뒤쪽에 놓고 그 앞줄에 중두리[211] 그 앞에 작은 항아리들을 가지런히 놓는다.

장독의 모양은 지방에 따라 조금씩 다른데 지방색을 잘 반영하기 때문이다. 경기, 서울 독은 넉넉하면서 미끈하게 생겼고 연꽃 봉오리 모양의 꼭지가 달린 뚜껑이 있으며 네모 반듯한 전돌로 받쳐놓기도 한다. 호남, 영남의 장독은 어깨가 벌어지고 배가 불룩하여 풍만하며, 크고 작은 소래기[212]로 뚜껑을 하고 큰 장독대가 많아 수십 개씩 무리지어 있으면 참으로 장관이다.

옛날에는 장독대를 보고 그 집안을 평가하기도 했다. 장독대가 정 갈하고 번듯하며 가지런하고 장독이 윤이 나면 그 집안이 크게 일어 날 것이라고 했다. 시집갈 규수를 보러온 매파나 시집 식구들은 장독 대를 보고 그 집 주부의 살림규모와 사람됨을 알아보고 혼사를 결정하기도 했다.

장독에 대한 정성은 지극하였다. 시월 상달 초사흘 때에는 어느 집

1 경북 구미 도리사 장독대   2 경남 양산 통도사 장독대

1 조왕신과 장독대(용인민속촌)　　　2 용인민속촌 장독대

이고 장독대에 고사를 지내는 것을 빠뜨리지 않았고, 보름달이 뜨면 장맛이 변하지 않고 언제나 맛있게 해달라고 주부들은 정안수를 떠 놓고 빌기도 했다. 장사하는 이들은 오뉴월 빼고는 매월 초사흘에 장 독대에 고사를 지냈다. 장독대는 여인들이 가장 신성시하는 성역중 의 성역이다. 이를테면 집안에 무슨 동티가 나거나 위급한 일이 생기 면 정화수를 한 그릇을 장독 위에 바쳐 놓고 수없이 빌고 절을 하고 또 하는 곳이 장독대이다.

또 여인네들의 소원을 비는 치성의 장소로도 장독대는 훌륭한 구 실을 하는 곳이다. 목욕재계하고 흰옷으로 단장하고 옥동자를 점지 해 달라는 기자(祈子)[213]의 치성을 드리는 곳도 장독대이며 낭군님 의 알성급제[214]를 빌기도 하고 군대에 간 아들이나 손자의 무운장구 [215]를 비는 곳도 장독대이다.

또 정화의 장소로서 부정탄 일이 있거나 밖에 나가서 불길한 것을 보고 들어왔을 때에는 장독대에 정화수를 바쳐놓고 부정을 없애 달 라고 빌기도 했다. 장독대는 여인네들이 슬픈 일이 있어 마음이 허전

할 때, 말없이 장독을 만지고 닦으면서 마음을 달래며 인고(忍苦)의 세월을 보냈던 곳이기도 하다.

또 적당한 놀이터가 없었던 옛날에는 아이들의 놀이터가 되기도 했다. 크고 작은 돌멩이를 주위 공기놀이도 하고, 땅따먹기도 하며, 돌차기도 했으며, 이것도 시들해지면 숨바꼭질이나 술래잡기도 할 수 있었는데 큰 장독 뒤에 숨거나 장독대를 뺑뺑 돌면서 도망칠 수 있었기에 놀이장소로는 적당한 곳이었다.

장독대에 얽힌 민속으로는 다음과 같은 것들이 있다.

· 강원도 횡성군에서는 혼례를 치른 새며느리가 신랑집으로 처음 신행을 오면 시어머니는 장독대로 가서 장독을 끌어안은 채 말없이 수저를 센다. 이것은 액을 물리치고 가족들의 무병장수를 비는 주술적인 행위이다. 하지만 가장 큰 이유는 수저를 자꾸 세어 새로 들어온 며느리가 말대꾸를 하지 않게 하는 비방216)이 되기도 한다는 것이다. 수저는 입에 넣는 것이니까 말을 할 수 없게 하는 구실을 할 수 있다는 유사연상217)에서 비롯된 것이라 생각된다.

· 강원도 명주군의 민속 중에는 집 떠난 자식이 걱정되어 어서 돌아오기를 바라는 마음에서 어머니는 장독대에 앉아 빈 물레를 돌린다. 이렇게 하면 물레 돌듯이 자식이 빨리 돌아온다고 믿는 데서 생긴 민속이다. 또 식구 중에 누군가가 집을 떠나서 돌아오지 않으면 장독대의 독에다 명주실을 이리저리 얽어매어 놓는다. 이렇게 하면 집 떠난 사람이 빨리 돌아오든지, 위험한 지경에 놓여도 거미줄에 걸리듯 안전할 수 있고, 또 명주실처럼 명이 길어진다는 것이다.

이는 '명주실의 길이'와 '장독대의 성역'에 기원함으로써, 주력218)이 생겨 소망하는 바가 이루어지는 것으로 생각했기 때문이다.

· 장을 담근 후에 한지로 버선본을 오려 장독에 거꾸로 붙이고 '꿀독(장맛이 꿀처럼 달기를 바라는 뜻)'이라고 외쳤다. 버선본을 오려붙이는 이유는 장맛이 변하지 말라는 뜻과 부정과 잡귀가 범접하지 말라는 의미가 있다. 버선은 발에 신는 것으로서 밟히고 밟힌 것이므로 부정이나 잡귀를 막는 주술적인 힘이 있다고 믿었기 때문이다.

버선을 거꾸로 붙이는 이유는 정상적인 모양과 다르게 붙임으로써 악귀에게 두려움을 주어 침입을 막으려는 의도이다.

· 미식가들은 말똥을 주워 모아 그 속에 메주를 띄워 된장을 만들어 먹기도 하고 풀거름 속에서 띄워 먹기도 했다.

· 된장은 민가나 궁궐에서 밥처럼 중요시했다. 우리나라 각 고장의 이름난 된장에는 조선 26대 고종이 즐겨 먹었다는 서울 창의문 밖 된장, 남한산성 된장, 전주 남문 된장, 양산 통도사 된장 등이 유명했다.

· 이른 새벽이면 반드시 장독을 열어서 맑은 공기를 쐬게 하고, 동쪽에서 떠오르는 아침 햇볕을 쐬게 하며, 매일같이 깨끗한 물로 장독을 씻는다. 맑은 공기를 쐬고 적당하게 햇볕을 쐬는 일은 장의 숙성에도 도움이 되고 저장 중에 있을 수 있는 변질방지에도 필요한 일이었다. 또한 장독은 항상 깨끗이 해야 부패균이 스며들어갈 염려가 없다.

· 냄새나는 장은 밤에도 독의 뚜껑을 열어 놓아 서리와 눈을 맞히면 좋다.

· 장독에는 금줄을 쳐서 솔가지와 고추를 꽂아둔다. 부정이나 악귀의 침입을 막기 위해서이다.

· 옛날이나 지금이나 장맛은 집집마다 다르다. 그래서 할머니들은 자기집 장이 제일 맛있다고 한다. 그 장에 입이 익었기 때문이다. 장맛은 간에 달려 있다고 해도 과언이 아니다. 그러므로 간을 잘 맞추어야 한다. 요즘 사람들은 정말 맛있는 장맛을 모른다. 장을 담가보지 않았기 때문이다. 또한 시속의 변화로 집에서 담그기 보다 공장에서 만들어진 것을 사먹는 경우도 늘고 있다. 쌀과 채소를 많이 먹는 민족으로서 오랜 세월 장이 좋은 반찬이자 조미료 구실을 해 왔다. 장 담그기는 일년행사 중 중요한 행사였으므로 며느리에게 맡기지 않고 시어머니가 직접 담갔다.

각 지방의 장독대를 조사하면서 주택공간 내 장독대의 중요도는 물론이거니와 세계 속에 유례를 찾아 볼 수 없는 독특한 문화양식으로서의 장독대에 큰 감동을 받았다.

오늘날은 가공식품의 발달과 아파트 생활의 보급으로 대부분의 가정에서 장독대가 사라지고 있다. 하지만 우리의 고유한 음식맛을 우리가 잊지 않는 한 장독대는 전통조경구조물로 계속 우리 주변에 남아 있을 것이다.

경주 최부자댁 장독대

---

211) 중두리 : 독보다 좀 작고 배가 부른 오지그릇.

212) 소래기 : 굽없는 접시와 비슷한 모양의 넓은 질그릇. 독의 뚜껑이나 혹은 그릇으로 쓰였다.

213) 기자 : 산천이나 신불에 아들낳기를 비는 일.

214) 알성급제 : 조선시대에 임금이 성균관의 문묘에 배례하는 것을 알성이라 했다. 문묘에 참배한 뒤에 보는 시험을 알성시라 했는데 알성급제는 알성시에 합격하는 것을 말한다.

215) 무운장구 : 武人으로서의 운이 길고 오래되는 것

216) 비방 : 남이 모르는 자신만의 비법.

217) 유사연상 : 현재의 의식이나 경험이 그것과 비슷한 이전의 경험이나 의식을 불러오는 것을 뜻하는데 여기서는 그로 인해 연상되는 상황을 말한다.

218) 력 : 주술력. 주문에 의해 얻어지는 힘.

굴뚝

The chimneys

굴뚝이 처음 만들어진 것은 선사시대부터이다. 선사시대 수혈주거(竪穴住居)로서 평면 중앙부에

노지(爐址)가 있었던 것으로 보아 여기에서 나오는 연기를 수혈밖으로 내보낼 어떤 구멍이 필요

했을 것이며 이런 필요에서 굴뚝이 발생했으리라 생각된다.

경복궁 자경전에 있는 십장생 굴뚝

굴뚝

The chimneys

굴뚝이 처음 만들어진 것은 선사시대이다. 선사시대 수혈주거(竪穴住居)[219]로서 평면 중앙부에 노지(爐址)[220]가 있었던 것으로 보아 여기에서 나오는 연기를 수혈 밖으로 내보낼 어떤 구멍이 필요했을 것이며 이런 필요에서 굴뚝이 발생했으리라 생각된다.

『구당서(舊唐書)』에는 고구려에서 구민(竅民)들이 장갱(長坑)[221]을 만들어 그 아래에 불을 때어 열을 취하였다는 기록이 있다. 여기에서 장갱을 온돌구조로 본다면 필연적으로 굴뚝이 있었을 것이라 생각된다. 건축의 일부로서 굴뚝을 말해주는 것은 고구려 고분인 동수묘(冬壽墓)[222]의 벽화를 들 수 있다.

이상의 자료 외에는 굴뚝에 대한 이렇다할 자료가 없어 백제와 신라의 굴뚝에 대해 무어라 확언할 수는 없다. 다만 고구려 시대에 온돌이 있었다면 당연히 굴뚝이 있었을 것이고 이는 온돌구조가 보편화

되었던 고려에 계승 발전되고 다시 조선으로 이어져 오늘날의 다양한 굴뚝양식이 형성되었을 것이다.

굴뚝의 종류

간이형(簡易形)

이 형은 본격적인 굴뚝의 전단계로 처마 밑에 간단히 구멍을 뚫거나 툇마루 밑에 구멍을 내어 연기를 내보낸다.

독립형(獨立形)

중·상류 주택, 궁궐, 사찰의 승방 등에 널리 건축되는 형이다. 교태전(交泰殿)후원, 아미산(蛾嵋山)에 있는 굴뚝이 여기에 속한다.

복합형(複合形)

담장과 굴뚝을 구조적으로 결합시켜 건축의 두 기능을 복합시킨

1 담양 환벽당 굴뚝   2 대전 회덕 동춘고택 굴뚝   3 용인민속촌 오지굴뚝

1 경복궁 교태전 후원 아미산원 굴뚝　　2 전남 천은사 굴뚝

형이다. 경복궁 자경전(慈慶殿) 십장생(十長生) 굴뚝이 여기에 해당한다.

굴뚝재료

흙+막돌쌓기
농가에 많이 쓰이는 형으로 간이형이 대부분 이에 해당한다.

검은 벽돌+기와+연가(煙家)
석회를 접착제로하여 검은 벽돌로 쌓은 후 상부에 수키와와 암키와, 막새기와들로 지붕을 만들고 연기 나오는 부분에 연가라고 부르는 토기(土器)를 얹는다. 연가는 꼭 집처럼 생긴 토기로서 이 토기의 벽에 창호(窓戶)처럼 네모로 구멍을 내어 연기를 내뿜게 한다. 이 방법은 중·상류 주택, 궁궐의 각 전각(殿閣)에 널리 이용되며 전술한 바와 같이 담장과 함께 이용되기도 하지만 대부분 독립형으로 건축된다.

구분 굴뚝별	名面別	A	B	C	D
굴뚝 其一	①	唐草무늬	나티	松, 鹿, 不老草	해태
	②	唐草무늬	학	竹, 岩, 不老草	노루
	③	唐草무늬	박쥐	梅花, 鳥, 竹, 岩	박쥐
	④	唐草무늬	봉황	卍자(ㅜ, ㅓ, ㅗ, ㅏ)	해태
	⑤	唐草무늬	봉황	花卉	박쥐
	⑥	唐草무늬	학	菊花, 草	노루
굴뚝 其二	①	唐草무늬	나티	松, 鹿, 不老草	
	②	唐草무늬	학	竹, 岩	노루
	③	唐草무늬	박쥐	梅花, 鳥, 竹, 岩	박쥐
	④	唐草무늬	학	卍자	해태
	⑤	唐草무늬	박쥐	나비, 花卉	박쥐
	⑥	唐草무늬	학	나비, 菊花	노루
굴뚝 其三	①	唐草무늬	나티	梅花, 鳥, 竹, 岩	노루
	②	唐草무늬	학	菊花, 나비	노루
	③	唐草무늬	박쥐	竹, 鹿	박쥐
	④	唐草무늬	학	卍자	노루
	⑤	唐草무늬	박쥐	花卉	박쥐
	⑥	唐草무늬	학	竹, 岩	노루
굴뚝 其四	①	唐草무늬	나티	竹, 岩, 不老草	해태
	②	唐草무늬	봉황	松, 鹿	해태
	③	唐草무늬	학	菊花. 草	노루
	④	唐草무늬	박쥐	卍자	노루
	⑤	唐草무늬	학	花卉	노루
	⑥	唐草무늬	봉황	梅花, 鳥, 竹, 岩	노루

경복궁 아미산 굴뚝 각 면의 무늬

붉은 벽돌+기와+연가

굴뚝을 붉은 벽돌로 쌓는 예는 궁궐건축에서만 찾아볼 수 있다.

흙+기와편+돌+기와지붕

이 굴뚝은 중심건물로부터 떨어져 독립형으로 건축되며 사찰건축에서 주로 찾아 볼 수 있다.

아미산의 굴뚝

굴뚝은 기능만이 아니라 그 장식적 기능도 유별나다. 전통건축에서 굴뚝은 조경 구조물로도 그 역할을 톡톡히 하는데 최고 수작(秀作)이라 할 명품(名品)이 경복궁에 2기(基)가 있다.

하나는 앞에서 나온 아미산의 굴뚝이고 다른 하나는 자경전 후원의 십장생 굴뚝이다.

아미산은 교태전의 뒷동산이다. 교태전은 왕비(王妃)의 중궁전(中宮殿)으로 4기의 굴뚝이 남아있다. 평면(平面)은 6각(角) 기지석(基址石)[223]으로 화강석(花崗石) 장대 위에 붉은 색 벽돌을 쌓고 무늬를 아름답게 장식하고 지붕에는 기와를 잇고 정상에는 연가[224]를 얹어 마감하였다.

이 굴뚝은 임진왜란 당시 경복궁이 불탈 때 같이 없어졌던 것을 고종 2년(1865)에 중건(重建)하면서 새롭게 만든 것으로 알려져 있다. 아미산 굴뚝의 무늬는 각면마다 다르다. 4기(基)의 무늬로서 필수불가결한 것이 있는가 하면 그렇지 않은 것도 있다. 이것을 일람표로 만들면 표과 같다.

구체적으로 살펴보면 각면에 반드시 있어야 하는 무늬가 당초(唐草)[225]이다. 당초무늬 아래의 부조판(浮彫版)에는 장수(長壽)를 뜻하는 고고한 기품의 학을 새겼다. 아니면 복(福)을 가져다 준다는 박쥐(蝙蝠)가 새겨져 있다. 이들은 초복(招福)[226]과 장수를 의미한다. 복을 누리고 수를 다할 수 있으려면 사마(邪魔)[227]의 방해를 막아야 한다. 나티[228]가 그런 벽사(僻邪)[229]의 소임을 받았다.

중앙 굴뚝면의 큼직한 흰 바탕은 길상(吉祥)의 세계이다. 십장생이나 사군자(四君子)[230]의 기품 있는 아취(雅趣)를 드러내고 있다.

아미산 굴뚝에는 오복과 장수와 벽사를 축원하는 무늬가 새겨져 있다. 왕가의 여인네들은 그것을 바라보며 왕가의 안녕과 건강을 기원했을 것이다.

경복궁 자경전의 십장생 굴뚝은 담장의 한 면을 한 단 앞으로 돌출시켜 흙을 구워서 만든 벽돌로 만들었다.

굴뚝의 벽면 중앙에 십장생 무늬가 새겨진 조형전(造形塼)을 배치하였고 그 사이를 회(灰)로 발라 화면을 구성하였다.

무늬의 주제는 해, 산, 물, 구름, 바위, 소나무, 거북, 사슴, 학, 불로초, 포도, 대나무, 국화, 새, 연꽃 등이며 둘레에는 학, 나티, 불가사리, 박쥐, 당초문 등의 무늬전을 배치하였다.

해, 바위, 거북 등 십장생은 장수, 포도는 자손의 번성, 박쥐는 부귀, 나티와 불가사리 등은 악귀를 막는 상서로운 짐승을 상징한다.

굴뚝 윗부분 역시 조형전으로 목조건물의 형태를 모방하였고 꼭대기에는 10개의 연가를 올려놓아 연기가 빠지도록 하였다.

굴뚝의 기능을 충실히 하면서도 꽃담장으로서의 조형미도 살린 십

십장생과 연화 포도문(葡萄文) 도해(신영훈, 전게서 P204)

장생 굴뚝은 조선시대 궁궐굴뚝 중 가장 아름다운 것이다.

십장생과 연화·포도문 도는 십장생 굴뚝의 가운데 부분에 회를 칠한 긴 화폭을 도해(圖解)한 것으로 서쪽부터 순서에 따라 점검하면 다음과 같다.

1) 국화 2) 바위 3) 불로초(不老草) 4) 소나무 5) 사슴 6) 구름 7) 학 8) 물

9) 거북 10) 해 11) 대나무 12) 연화(蓮花) 13) 짐승(獸禽) 14) 새 15) 포도

이것은 십장생 열 가지에 다섯 가지가 더해진 것이다.

---

219) 수혈주거 : 수직으로 땅을 파서 위를 가리고 살던 움막집.
220) 노지 : 화덕자리.
221) 장갱 : 만주지방에서 흔히 만들던 길게 꾸민 온돌.
222) 동수묘 : 1949년, 홍해도 안악군 용순면 유순리에서 발견된 고구려시대의 벽화고분.
223) 기지석 : 터를 쌓은 돌.
224) 연가 : 굴뚝의 꼭대기에 씌우는 갓. 굴뚝갓.
225) 당초무늬 : 덩굴풀이 뻗어나가는 모양을 그린 모늬.
226) 초복 : 복을 부름.
227) 사마 : 사악한 마귀.
228) 나티 : 짐승같이 생긴 귀신. 붉은 곰.
229) 벽사 : 귀신을 물리치는 것.
230) 사군자 : 묵화에서 귀하게 여기는 네 가지 소재. 매화. 난초. 국화. 대나무.

석등

A stone lantern

석등(石燈)은 조경시설물의 하나로서 사찰과 궁궐. 민간 정원을 장식한다. 그 기원은 명확하지는

않지만 삼국시대까지로 추정할 수 있다. 삼국시대에 석등으로 추정되는 초기의 것은 백제지역에

서 발견되었는데 8각 석등의 앞선 양식이다. 그 이후 통일신라시대의 석등은 왕릉 등에서 다양한

모양을 보이며 근세 조선시대까지 계승되어왔다.

창덕궁 부용지 연못가 석등

석등

A stone lantern

　　석등(石燈)은 조경시설물의 하나로서 사찰과 궁궐, 민간 정원을 장식한다. 그 기원은 명확하지는 않지만 삼국시대까지로 추정할 수 있다. 삼국시대에 석등으로 추정되는 초기의 것은 백제지역에서 발견되었는데 8각 석등의 앞선 양식이다. 그 이후 통일신라시대의 석등은 왕릉 등에서 다양한 모양을 보이며 근세 조선시대까지 계승되어왔다.

　　본래 불교 문화권에서 발달한 등구시설(燈具施設)로서의 석등은 조선시대 <동궐도(東闕圖)>[231]에서 궁궐 곳곳에 놓여진 것을 볼 수 있고 현재 창덕궁 부용지(芙蓉池) 호안 옆에는 <동궐도>에는 하나로 표현된 석등이 어떤 이유인지 2기(其)가 남아 있어서 이 석등이 이미 <동궐도>가 작성된 시기부터 있어왔던 것으로 보인다. 이 석등의 기능은 밤에 못을 밝혀주는 것인데 화사석(火舍石)[232]에 3개의 화창

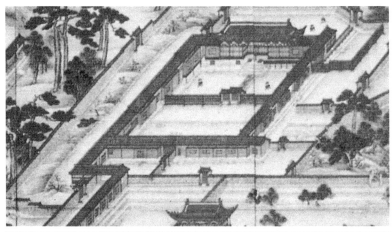

〈동궐도〉

(火窓)을 뚫고 한면은 막아 놓았다. 또한 덕수궁 정관헌(靜觀軒) 앞
계단 상부에도 2기(其)의 석등이 나란히 놓여져 밤에 계단을 밝혀주
었던 것 같다. 이 석등도 화사석에 3개의 화창만을 뚫어 놓았다.

　이러한 석등이 창경궁을 정비할 때 　수 기(其)가 있었다는 관계
자의 말에 따라 수소문을 해보니 1990년대 중반에는 창경궁 관리사

덕수궁 장관헌 앞 계단 석등

무실 옆에 모양이 완전하지 않은 몇 기(其)가 남아서 보존되고 있었다.

이러한 사실로 보아서 석등을 불사(佛舍)나 능묘(陵墓) 앞에만 설치되는 시설물로 보는 것은 타당하지 않다. 현재로서 <동궐도> 작성 이전을 고증할 수는 없지만 적어도 <동궐도>가 완성된 시기인 조선 말에는 궁궐 곳곳에 석등이 설치되어 왔다고 볼 수 있다. 그러므로 불사나 능묘에 설치된 석등에 한정되어 왔던 연구가 앞으로는 궁궐의 석등에 대해서도 행해져야 할 것이다.

고려시대 석등을 설명한 글이 몇편 남아있다.

오판서신도비명(吳判書神道碑銘)   허목(許穆)

고려 때에 시중(侍中) 오대승(吳大陞)이 있었는데, 동복현(同福縣) 사람이다. 전설에 의하면 그가 사는 곳에 '48개의 석등(石燈)이 있어 밤이면 불을 켜고 하늘에 절하였다.'고 한다.

〈원 문〉吳判書神道碑銘

高麗世有侍中大陸, 同福縣人, 其居. 傳說四十八石燈, 夜則燃燈, 拜天.

「기언별집(記言別集)」 권16

물산지·석등(物產志·石燈)

한치윤(韓致奫)

고려의 백석(白石)은 등(燈)을 만들 수 있다(「만보전서(萬寶全書)」. 「영남총지(嶺南雜記)」에, "백석은 고요현(高要縣)의 칠성암(七星庵)에서 산출된다. 사인(士人)들이 고려에서 만든 것을 모방하여 등(燈)을 만드는데, 아주 밝다." 하였다).

조선의 석등잔(石燈盞)에는 홍색과 백색 두 종류가 있다(「명일통지(明一統志)」).

〈원 문〉物產志·石燈

高麗白石可作燈. (「萬寶全書」. 「嶺南雜記」, 白石出高要七星庵. 士人或倣高麗製爲灯, 明亮.) 朝鮮石燈盞, 有紅白.

「해동역사(海東繹史)」 권26

오관(五冠)   이만부(李萬敷)

고려조에 술가(術家)[233]의 말에 따라 석당(石幢), 석주(石柱), 석등(石燈)을

세워서 화재를 막았고, 태부시(太府寺)에서 기름을 대도록 하였다. (후략)

〈원 문〉五冠

麗朝用術家言, 立石幢石柱石燈, 以禳其災, 令太府寺供油, 至我太宗朝, 就其地
作聖燈庵, 命簽書中樞院事臣權近作記. (후략)

「식산선생집(息山先生集)」 권4

---

231) 동궐도 : 창덕궁과 창경궁을 조감도식으로 그린 조선 후기(1824-1827)의 궁궐그림. 비
단 바탕에 채색. 세로 275cm 가로 576cm. 보물 제 596호. 고려대, 동아대 박물관 소장
232) 화사석 : 석등의 중대석 위에 있는 점등하는 부분.
233) 술가(術家) :음양(陰陽), 복서(卜筮), 점술(占術)에 정통(精通)한 사람.

화계

Korean traditional terrace garden

화계는 계단 형태의 화단을 말하며 우리의 옛집은 그 입지가 풍수지리상 배산임수를 따르고 있기

때문에 집 후면의 언덕을 깎아서 계단을 서너 단 만들었다. 그 계단에 화초와 관목류 혹은 소교목

을 심고 가꾸었다. 거기에 그치지 않고 더 멋을 부려 괴석을 몇 점 놓기도 하고 장식문양을 새긴 석

물을 놓기도 하였다.

경복궁 교태전 후원 아미산 화계

화계

Korean traditional terrace garden

　　화계는 계단 형태의 화단을 말하며 우리의 옛집은 그 입지가 풍수지리상 배산임수[234]를 따르고 있기 때문에 집 후면의 언덕을 깎아서 계단을 서너 단 만들었다. 그 계단에 화초와 관목류 혹은 소교목을 심고 가꾸었다. 거기에 그치지 않고 더 멋을 부려 괴석을 몇 점 놓기도 하고 장식문양을 새긴 석물을 놓기도 하였다. 이 화계는 집 뒤, 즉 후원에 위치하고 있어 가옥의 가장 은밀한 곳에 만들어졌다. 필자는 조경 분야에 몸담은 이래 여러 곳의 옛정원을 복원하는 작업을 해왔다. 특히 90년대 중반 경복궁의 교태전(交泰殿)의 후원, 즉 아미산원(蛾眉山苑)을 직접 설계하고 시공하였는데 그 아미산원이 화계로 이루어진 정원이기 때문에 여기에서 소개하고자 한다.

　　아미산(蛾眉山)이란 명칭은 천연두와 관련이 있다. 두창(痘瘡 : 천연두)이 치성(熾盛)해진 18세기 중엽에 중국에서 아미산신인(蛾眉山神人)의 종두에 의한 치료법이 기술된 여러 의서들이 간행되었고 그 일부가 우리나라에서 번각 간행되거나, 국내 의서인 『종두심법요지(種痘心法要旨)』, 『마과회통(麻科會通)』, 『시종통편(時鐘通編)』 등에 인용되었다. 이때부터 아미산신인의 영험(靈驗)을 빙자하여 호귀두창(胡鬼痘瘡)[235]을 퇴치하려는 만의(滿意)[236]를 지닌 아미산이라는 새 이름을 얻은 산들이 각처에 생기기 시작했다. 이러한 현상은 몇 가지 특징적인 면을 보인다. 첫째, 인구가 많고 한서(漢書)를 읽은 학자가 많은 대도시인 서울, 대구, 부산, 평양, 순천 등에 아미산이 생겼다. 둘째, 경복궁 교태전 후원에 아미산을 명명하여 왕실의 침전(沈澱) 가까이에 배치하였다. 셋째, 아미지(蛾眉池)의 경우 실제로는 못이 없는데 아미지라고 암석에 각자(刻字)한 사실이 있다. 넷째, 소이산(所伊山), 하마산(下摩山), 대구의 연귀산(連龜山) 등이 아미산으로 개명되었다. 다섯째, 중국의 지명이 우리나라에 이와 같이 각지에 많이 습용된 예가 별로 없는데도 불구하고 유독 '아미'라는 지명은 많아 현재까지 조사한 아미산 관계지명은 우리나라에 110여 개나 남아 있다.

이와 같이 아미산류의 지명은 중국 의서에 나오는 아미산신인의 힘을 빌려 두신호귀(痘神胡鬼)[237]를 물리치려는 염원에서 생겨난 궁여지책이었던 것으로 보인다.

경복궁은 조선 태조 4년(1395)에 준공되었으나 선조 때 임진왜란(1592)으로 소실되었다. 그후 270여 년간 폐허로 있다가 고종 때에 흥선대원군의 추진으로 1867년 재건되었다. 경회루(慶會樓)는 원래 태종 12년(1412) 주위에 못을 파고 이 때에 나온 흙을 왕비의 침전인 교태전 뒤에 쌓아서 가산(假山)을 만들어 폭풍막이로 삼았다고 한다. 임란 이전의 경복궁 배치도는 찾을 수 없으나 고종 4년 중건할 때의 배치도인 〈북궐도(北闕圖)〉[238]에는 교태전 뒤에 '아미산'이 기재되어 있다.

산이라고도 할 수 없는 흙더미를 아미산으로 명명한 과정에는 필연적인 연유가 있었을 것이다. 아마도 그것은 왕가로서도 속수무책이었던 두창래습(痘瘡來襲)[239]을 퇴치하기 위하여 아미산 지명을 가칭하였다고 생각된다. 우리나라에는 풍수지리설에 의해서 예부터 여러 유적지 등에서 비보(裨補)나 진압을 위해 가산을 만든 예를 볼 수 있다. 이 가산이 어느 때부터인가 아미산으로 명명된 것이다. 이 아미산은 그 위치로 보아 왕가의 가족이 상주하는 침전 뒤인 북쪽에 배치시킴으로써, 중국 강남으로부터 압록강을 건너서 평안도를 거쳐 서울로 남하하여 궁중으로 들어오는 두신(痘神)을 퇴치시키려는 의도였음을 짐작할 수 있다.

아미산원은 화계로 된 정원으로 독특한 모습을 갖추고 있는데 복원 설계 시 현황조사를 한 결과 많은 종류의 식물이 무성히 자라고 있었고, 구조물로는 '함월지(涵月池)', '낙하담 (落霞潭)', 즉 달을 품고 있고 붉은 저녁 노을이 어리는 석지(石池)와 장식 굴뚝은 화강석 기단 위에 붉은 벽돌을 쌓고 문채판으로 새겨넣었다. 각 면의 중심부에 직사각형의 문채판(文彩版)[240]을 배치하고 그 문채상·하에 작은 문채판을 끼워넣은 뒤 장식된 문채에는 식물무늬의 화초와 동물무늬의 수조(獸鳥)가 새겨진 굴뚝을 4개 놓았고 또 석분(石盆)에 심겨진 괴석들과 대석(臺石)[241]을 배치했다.

교태전 복원공사와 함께 실시한 아미산원 복원사업은 화계에 설치된 석물과 굴뚝은 그대로 보존하되 서편 화계에만 굴뚝을 새로 복원했다. 조경수목은 우리 전통 왕궁 조경공간에 적합지 않은 수종들은 제거하고 그 밖에 기존 수목 중 웃자란 가지들은 제거하여 새로이 식재한 수종들과 어울리도록 했다.

식재할 수종은 『조선고적도보(朝鮮古蹟圖譜)』[242]에 나오는 사진과 조사된 조선시대의 수목, 즉 『양화소록(養花小錄)』[243]과 『임원십육지(林園十六志)』 등을 참조했으며 경복궁의 기존 수목을 조사하여 경복궁 전체 조경공간과 생태적으로 연결시키려고 노력했다.

식재된 수목은 낙엽교목으로 참배나무, 산수유가 있고 상록교목으로 소나무를 경내에 이식했으며 낙엽관목으로는 홍매화, 옥매화, 매화, 앵두나무, 산철쭉, 진달래, 모란, 작약 등과 초화류인 원추리를 식재하였다.

경복궁의 아미산원 복원사업은 우선 조선조 정궁 내에 위치한 왕비 침전으로서의 교태전의 옛모습을 찾는다는 데 의의가 있다. 또한 현재 복원되어 완성되었다고 하나 그 복원에 대해 앞으로 많은 연구가 뒤따라야 할 것으로 보이며, 이에 관심 있는 여러분의 아낌없는 질책을 바라마지 않는다.

조선시대 시문에는 돌을 쌓고 계단모양의 작은 산의 화단인 화계

창덕궁 대조전 후원 화계

를 만들며, 화계 만드는 방법에 대해서 정조 임금은 상세히 설명하고 있다.

화계를 읊다(詠花階)　　박윤원(朴胤源)

累石花叢列　돌 쌓아 꽃 무더기 늘어놓아

庭階作小山　정원 한쪽에 작은 산을 만들었네.

『근재집(近齋集)』　권2

원침(園寢)을 옮긴 사실 2(遷園事實 二)　　　정조(正祖)

상설 제3(象設 第三)

좌우 장지석(長枝石)의 터는 5자 깊이로 파고 처음에는 메로 다져 삼물회를 다시 평지에까지 채우고 지대석과 화계(花階)를 설치하였다. 초계(初階)와 이계(二階)의 터는 깊이를 5자로 파고 처음에는 메로 다져 다시 삼물회를 채워서 평지에까지 이르게 하고 계단을 설치하였다.(후략)

〈원 문〉 遷園事實 二

象設 第三

左右長枝石基址, 鑿地深各五尺, 初次杵築, 以三物灰, 更築地平, 設地臺石及花階. 初階二階基址, 鑿地深五尺, 初次杵築, 以三物灰, 更築地平, 乃設階.(후략)

『홍재전서(弘齋全書)』 권58

---

234) 배산임수 : 풍수지리설에 의해 땅의 형세가 산을 등지고 물에 임하는 것.
235) 호두귀창 : 천연두
236) 만의 : 마음에 흡족함.
237) 두신호귀 : 천연두를 귀신이 일으킨다고 보아 부른 호칭.
238) 북궐도 : 불궐, 즉 경복궁의 평면배치도. 고종 2년인 1865년에 흥선대원군이 중건한 뒤인 19세기 말에 제작된 것으로 추정.
239) 두창래습 : 천연두의 전염.
240) 문채 : 아름다운 빛깔로 된 무늬.
241) 대석 : 받침돌.
242) 조선고적도보 : 1915년부터 1930년에 걸쳐 일본 학자들이 낙랑시대에서부터 조선시대에 이르는 우리나라 고적과 유물들의 그림을 모아 조선총독부에서 펴낸 책.
243) 양화소록 : 강희안이 1474년에 쓴 원예서. 꽃과 나무의 재배법과 품격, 의미, 상징성 등을 논하고 있다. 규장각본은 4권 1책으로 이루어졌고 국립중앙도서관본은 사본으로 30매 정도이다.

밭

The court farms

약밭. 약초를 심어 가꾸는 밭이다.

약포 (藥圃) 와 관련된 대구 약령시 이야기가 있다. 경상감영 객사 마당에서 처음 시작된 대구 약령
시는 일반적으로 조정에서 필요한 약재를 수집하기 위하여 1658년(효종 9) 에 관찰사의 명에 의해
설치되었다는 설이 있다. 약재진상은 각 지방관이 전의감 등의 중앙의료기관에 지방에서 산출되
는 약재들을 채취・상납하도록 되어 있다.

전남 담양 서하당 석가산과 약포, 채포 복원도

밭
The court farms

약포, 채포(약초밭, 채소밭)

약포. 약초를 심어 가꾸는 밭이다.

약포(藥圃)와 관련된 대구 약령시 이야기가 있다. 경상감영 객사 마당에서 처음 시작된 대구 약령시는 일반적으로 조정에서 필요한 약재를 수집하기 위하여 1658년(효종 9)에 관찰사의 명에 의해 설치되었다는 설이 있다. 약재진상은 각 지방관이 전의감 등의 중앙의료기관에 지방에서 산출되는 약재들을 채취·상납하도록 되어 있다. 지방관은 의원과 의생(醫生)을 설치하고 약을 채취하고 약포(藥圃)를 두어 약재를 채취하고 모으도록 했다. 경상도는 높은 산이 많고, 날씨가 고른 까닭에 약재가 풍부했다. 그래서 전국에서 약재 진상이 가장 많은 곳이다.

화오(花塢, 꽃밭)

정원을 꾸밀 때 꽃을 심고 가꾼다. 우리도 예부터 화단을 꾸몄을 것이나 문헌상에는 문집 등에서 고려 중엽부터 볼 수 있고 이때에 쓰인 말은 화오이다.

조선시대에는 화오라는 말이 널리 쓰였다. 화오의 오(塢)는 낮은 섬을 말하며 꽃을 심어 가꾸는 자리 주위를 장대석으로 성곽과 같은 모양으로 낮게 둘러쌓아 놓았다.

조선시대 가옥배치는 그늘지기 쉬워서 꽃을 심을 만한 자리가 별로 없다. 또한 옛 사람들은 뜰에 나무나 꽃을 심어 가꾸면 지기(地氣)를 빨아내어 사람에게 이롭지 못하다고 생각해서, 화단이 별로 없었고 남아있는 옛 화단은 매우 드물다. 경주시 교동 최식(崔植)의 집이나 경상북도 달성군 묘동의 박황(朴榥)의 집 등에서 화오를 볼 수 있다.

화단은 일반적으로 사랑채나 별당의 뜰에 꾸미는 것이 원칙이고 뜰 한가운데 양지바른 자리에 네모나게 돌을 40cm 안팎의 높이로 쌓아올려 그 속에 흙을 채워 만들었다.

꽃밭 넓이는 뜰의 넓고 좁음에 따라 알맞은 크기로 했으며, 그 주위에는 석연지(石蓮池)나 괴석을 앉혀 화단의 운치를 돋우었다. 꽃을 즐기는 자리로서 석탑을 놓기도 하였다.

화단에는 감국(甘菊)이나 작약·패랭이꽃·봉선화·맨드라미·

색비름·옥잠화·원추리·상사화·참나리 등 갖가지 화초류가 가꾸어졌으며, 그 밖에 모란과 석류나무·무궁화·진달래·철쭉 따위의 키 작은 관목류도 곁들여졌다.

모란은 꽃이 크고 화려해서 꽃 중의 왕(花王)이라고도 하며, 부귀영화를 상징해서 많이 심어졌다. 석류나무는 한 열매 속에 많은 씨를 가지는 다산을 상징하는 나무이다.

거듭 차운하다(再疊)　　임방(任堕)
引泉通藥圃　개울물 끌어다 약포(藥圃)에 대고
移石護花階　돌 옮겨 꽃밭을 둘러쌌네.
『수촌집(水村集)』 권1

전통옥외계단

Traditional outdoor stairways

계단(階段)의 유형은 건축물의 기단(基壇)을 쌓아올려 생긴 계단과 높낮이가 다른 두 공간을 연결시키는 계단으로 크게 분류할 수 있다. 그중 기단형(基壇形) 계단은 권력구조(權力構造)와 밀접한 관계가 있어 고대(古代)의 신전(神殿)에서는 신과 인간이 동일평면(同一平面)에 산다는 것을 불경(不敬)이라 하여 신의 주거(住居)를 높임으로써 권위(權威)의 증대를 도모하였다.

화엄사 계단 갓돌

전통옥외계단

Traditional outdoor stairways

계단(階段)의 누형은 건축물의 기단(基壇)[244]을 쌓아올려 생긴 계단과 높낮이가 다른 두 공간을 연결시키는 계단으로 크게 분류할 수 있다. 그중 기단형(基壇形) 계단은 권력구조(權力構造)와 밀접한 관계가 있어 고대(古代)의 신전(神殿)에서는 신과 인간이 동일평면(同一平面)에 산다는 것을 불경(不敬)이라 하여 신의 주거(住居)를 높임으로써 권위(權威)의 증대를 도모하였다.

우리나라 궁전(宮殿)의 경우 왕이 거처하는 정전(正殿)에 딸린 계단을 가장 높이고 규모(規模)를 크게 축조하였다. 사찰(寺刹)의 경우도 중심이 되는 대웅전(大雄殿)이 가장 높은 곳에 위치하여 수많은 계단을 통과하도록 하였다.

우리나라 궁전은 대개 평지에 위치하고 있기 때문에 계단의 형태는 대개 기단형(基壇形)이다. 그러나 사찰의 경우 입지에 따라 계단

1 속리산 법주사 계단　　2 승주 송광사 계단

의 형태가 다양하게 나타나는데 특성별로 분류하면 평지형 계단, 구릉형 계단, 산지형 계단 그리고 입구형 계단으로 분류할 수 있다.

　사찰의 평지형 계단은 앞서 말한 기단형 계단이 그 주(主)가 되는데 계단의 형태 중 가장 흥미로운 것은 입구형 계단이다. 누형계단(樓形階段)은 입구형 계단의 하나로서 다양한 형태로 나타난다. 입구형 계단의 일례로는 다리형 계단을 들 수 있는데 그 대표적인 것으로 불국사(佛國寺)의 청운교(靑雲橋), 백운교(白雲橋)와 연화교(蓮花橋), 칠보교(七寶橋)가 있다. 청운교, 백운교는 대웅전(大雄殿)을 향하고 있고 칠보교, 연화교는 극락전(極樂殿)을 향하고 있다. 하나는 다보여래(多寶如來)[245] 불국세계(佛國世界)로 통하는 자하문(紫霞門)에 연결되어 있고 다른 하나는 아미타여래(阿彌陀如來)[246]의 불국세계로 통하는 안양문(安養門)에 연결되어 있다. 이 두 다리형 계단은 각각 33계단으로 되어 있는데 한 계단 한 계단에는 연꽃이 활짝 피어, 올라가는 한 걸음 한 걸음이 향기로운 걸음이 되도록 해준다. 33계단은 불교에서 말하는 3십 3천(三什三天)[247]을 나타낸다. 중생(衆生)의 욕심이 완전히 끊어지지는 않았으나 악의(惡意)가 없

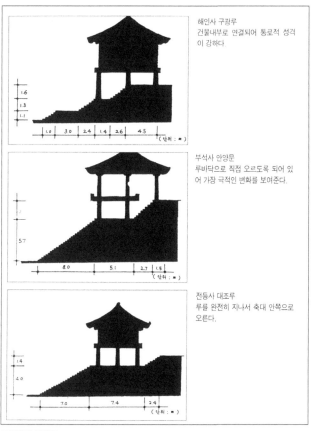

해인사 구광루
건물내부로 연결되어 통로적 성격
이 강하다

부석사 안양문
루바닥으로 직접 오르도록 되어 있
어 가장 극적인 변화를 보여준다.

전등사 대조루
루를 완전히 지나서 축대 안쪽으로
오른다.

루형계단 단면도

는 천상(天上)의 욕심의 단계를 표시한 것이다. 여기는 아직도 부처
의 경지에 이르지 못해 그 경지로 가는 다리 구실밖에는 못하는 단계
이다. 그러므로 이 다리는 희망의 다리이고 환희의 다리이며 축복의
다리이다. 계단의 치수는 영조법식(營造法式)[248]에 의하면 그 구배(
勾配)[249]에 있어서 한 층의 두께는 5촌(寸), 넓이는 1척(尺)으로 현
대보다 소규모로 만들어졌음을 알 수 있다.

244) 기단 : 건축 구조물의 기초가 되는 밑받침.

245) 다보여래 : 동방보정(동방보정) 세계의 교주. 또한 5여래 중의 하나. 보살로 있을 때. '내가 성불하여 멸도한 뒤 시방세계에서 법화경을 설하는 곳에는 나의 보탑(보탑)이 솟아나와 그 설법을 증명하리라'고 서원한 부처님.

246) 아미타여래 : 서방정토에 있는 부처. 4원을 세워 자기와 남들이 함께 성불하기를 서원하면서 장구한 수행을 통해 성불한 부처.

247) 33천 : 불교용어. 수미산 꼭대기에 있다는 도리천의 다른 이름이다. 가운데 제석천이 있고 사방에 여덟 하늘씩 있다고 하여 33천이라고 한다.

248) 영조법식 : 건축을 공사하는 법.

249) 구배 : 경사도.

석수

The stone animals

석수는 돌로 만든 사자, 말, 소, 코끼리, 해태 등의 짐승모양의 조형물이다. 이와 같은 석수는 석인 (石人)과 더불어 중국의 진한(秦漢) 시대부터 유래하며, 한국에서는 삼국시대 왕릉 등의 유적에 서 볼 수 있다.

광화문 앞 해태상

석수

The stone animals

　　석수는 돌로 만든 사자, 말, 소, 코끼리, 해태 등의 짐승모양의 조형물이다. 이와 같은 석수는 석인(石人)과 더불어 중국의 진한(秦漢)시대부터 유래하며, 한국에서는 삼국시대 왕릉 등의 유적에서 볼 수 있다. 한국에서는 특히 경주 신라 괘릉 등에 방향과 시간을 맡아 능을 보호한다는 얼굴은 짐승, 몸체는 사람모양인 수면인신상(獸面人身像)의 십이지신상(十二支神像)과 문관과 무관의 형상을 한 문인석·무인석 등과 함께 석사자를 배치하였다. 옳고 그름과 선악을 가릴 줄 안다는 상상의 짐승인 해태는 중국에서 이 모양을 본떠서 법관의 관을 만들었고, 한국에서는 정사(政事)는 옳고 그름을 가려서 하라는 뜻에서 궁전 좌우에 세웠다. 광화문 앞 해태상이 유명하다. 왕릉 외에도 경기도 용인의 세중 옛돌 박물관에서는 젖을 빨리고 있는 석양(石羊)을 비롯한 다양한 동물상 석수를 볼 수 있다.

경주 괘릉

마당과 정원식물

The court and garden plants

마당은 건물의 기능을 보완하며 다양한 기능이 있고, 마당의 명칭은 이러한 기능이나 장소의 이름

을 따르고 있다. 건물 안쪽 마당에는 바깥마당, 행랑마당, 사랑마당, 중문간마당, 안마당, 옆마당,

뒷마당이 있고, 건물 바깥쪽 마당에는 동네마당, 동네우물마당, 동네공동작업장, 마을 어귀에 있

는 주로 느티나무 아래의 공공마당, 그 외 궁중의 공무용 마당(근정전, 인정전 뜰), 또 종묘정전마

당(예식) 등이 있다.

마당과 정원식물
The court and garden plants

마당

마당은 건물의 기능을 보완하며 다양한 기능이 있고, 마당의 명칭은 이러한 기능이나 장소의 이름을 따르고 있다.

건물 안쪽 마당에는 바깥마당, 행랑마당, 사랑마당, 중문간마당, 안마당, 옆마당, 뒷마당이 있고, 건물 바깥쪽 마당에는 동네마당, 동네우물마당, 동네공동작업장, 마을 어귀에 있는 주로 느티나무 아래의 공공마당, 그 밖에 궁중의 공무용 마당(근정전, 인정전 뜰), 또 종묘 정전마당(예식) 등이 있다.

조선시대 주택의 마당은 신분계급에 따라 서민주택에서 상류주택으로 올라갈수록 상하구분 및 남녀 성별구분 등의 공간분화 및 위계질서에 따라 엄격하게 나누어진다.

서민주택의 마당은 앞마당이 주가 되고 규모가 다소 큰 경우 뒷마당을 두고 타작마당으로 사용하는데 종종마을의 공동 옥외작업공간으로 사용하기도 한다.

그러나 중류주택의 마당은 독립된 건물이 늘어남으로써 앞마당, 뒷마당, 옆마당 등 몇 개의 마당으로 나누어진다. 그 기능은 서민주택과 별 차이가 없으나 앞마당이나 옆마당에 채소밭을 만들거나 과실수를 심고 사랑마당에는 화초를 심기도 한다.

상류주택의 마당은 행랑채, 사랑채, 안채, 별당, 사당 등으로 건물이 나누어져서 담장과 건물과 건물 사이에는 각종 마당이 있다. 대문을 들어서면 행랑마당이 되고 중문간 행랑채를 지나면 안마당이나 사랑마당으로 연결된다. 행랑마당은 옥외 작업공간으로 안마당과 함께 빈 공간이고 사랑마당, 별당 앞마당은 정원을 만들어서 꾸며놓는다. 사랑마당에는 담장을 따라 몇 그루의 나무를 심고 괴석을 심은 석분을 몇 개 배치하고 연못을 팔 수 없는 자리에는 석연지(石蓮池)를 설치하여 연을 키우는 경우도 있다. 별당의 앞마당은 꽃이 화사한 과수 등을 심는다.

조선시대 조경식물 문헌과 수종

문헌
· 조선 초기 – 조선 세조 때 강희안(姜希顔)이 쓴 원예서 『양화소

록(養花小錄)』 세조의 화목 9등품에 의하면 1등급에는 높은 운치, 2등급에는 부귀, 3·4등급에는 운치, 5·6등급에는 화려함, 7·8·9등급에는 장점을 나타내는 수종을 들고 있다.

· 조선 중기 – 조선 숙종 때 실학자 홍만선(洪萬選)이 엮은 농서 겸 가정생활서 『산림경제(山林經濟)』 숙종, 1710

· 조선 말기 – 조선 후기 실학자 서유구가 저술한 박물학서 『임원십육지(林園十六志)』 순조, 1764~1845

수종

· 상록수에는 松(소나무), 竹(대나무), 万年松(향나무), 杜冲(사철나무), 赤木(주목), 柏(側栢, 측백), 檜(전나무), 黃陽木(회양목), 비자나무 등

· 활엽수에는 楡(느릅나무), 槐(회화나무), 柳(버드나무), 桐(오동나무), 碧梧桐(벽오동), 柘(산뽕나무), 漆(옻나무), 山茱萸(산수유), 合歡木(자귀나무) 등

· 과일나무에는 石榴(석류), 橘樹(귤나무), 棗(대추나무), 李(자두나무), 杏(살구나무), 榛(개암나무), 桃(복숭아나무), 梨(배나무), 銀杏(은행), 柿(감나무), 君遷子(고욤나무), 山查(산사나무), 胡桃(호도나무), 梅松子, 林檎(능금나무), 木瓜(모과나무) 등

· 화목류에는 梅花(매화), 牡丹(모단), 杜鵑花(진달래), 日本躑躅(화산철쭉), 暎山紅(참꽃나무), 瑞香花(천리향), 月桂花(四季花, 장미), 紫薇花(자미화, 木百日紅), 丁香(수수꽃다리), 紫荊(박태기나무), 櫻(벚나무), 玫瑰(해당화), 迎春花(황매), 木芙蓉, 海棠, 山茶花 등

· 화훼류에는 菊花(국화), 蘭(난), 芍藥(작약), 蓮(연), 石竹花(패랭이꽃), 石菖蒲(석창포), 繡菊(수국), 水仙(수선화), 玉簪花(옥잠화), 鳳仙(봉선화), 罌粟(앵속), 麗春(양귀비), 鷄冠花(맨드라미), 縷枝牡丹(나팔꽃), 射干(범부채), 錦荔枝(여주), 秋海棠(추해당화), 萱(원추리), 葵(촉귀), 老少年(색비름), 芸香(운향), 玉美人, 秋葵, 金錢花, 滴滴金, 前春羅, 前秋羅, 種牡丹, 吉祥草 등이 있다

조선시대 정원에 나무심기

수종과 장소에 따른 나무심기

장소	좋음, 금기	수종
문 앞	좋음	회화나무, 문 주변에 2 그루의 대추나무
	금기	죽은 나무, 한 그루, 두 모양이 같은 나무
중정	좋음	화초류
	금기	큰 나무
정원 앞	좋음	석류나무, 서향화
	금기	오동나무, 파초
울타리 옆	좋음	동쪽 울타리 옆에 홍벽도, 국화
	금기	참죽나무, 椒林(초림,산초), 薜荔(폐려,마삭나무)
우물 옆	금기	복숭아
집 주위	좋음	소나무와 대나무가 울창
	금기	단풍나무, 사시나무, 가죽나무
집 안	금기	무궁화, 뽕나무, 자리공, 큰 나무, 상록수

방위에 따른 나무심기

방위	좋음, 금기	수종
동쪽	좋음	복숭아나무, 버드나무, 벽오동, 홍벽도, 오얏나무
	금기	
남동쪽	좋음	
	금기	살구나무
남쪽	좋음	복숭아나무, 매화, 대추나무
	금기	자두
남서쪽	좋음	
	금기	큰 나무
서쪽	좋음	산뽕나무, 느릅나무, 대추나무
	금기	버드나무, 자두나무
북서쪽	좋음	대나무, 오동나무 3그루, 큰 나무
	금기	

특수 형태의 나무심기

화분은 키가 큰 나무의 것은 뒷줄에 놓고 키가 작은 것은 앞줄에 놓는다. 화분은 기왓장이나 벽돌 위에 놓으면 아름답다고 하였는데 이는 정원 내에서 아무렇게나 벌여놓지 않고 일정 장소에 질서정연하게 놓아졌음을 뜻한다. 『양화소록(養花小錄)』에도 화분은 쌍쌍이 놓지 않으나 쌍줄로 놓아도 무방하다고 했고, 원래 화분은 놓을 때는 정자 사이에 두는 것이며 화분을 늘어놓아 정원을 채우는 것이 아니라고 하였다.

키 낮은 나무로 만든 가리개용 울타리인 취병(翠屛)은 꽃나무를 심어 그 가지를 틀어올려 문이나 병풍 모양처럼 만들며 주로 대문이나 협문에서 직접 내부가 노출되는 것을 막기 위해 가림용으로 쓰였다. 취병의 형태는 필요에 따라 임의로 할 수 있으므로 대문에서 약간 떨어진 위치에 설치하고 ㄱ자형으로 하여 차단효과를 더욱 높인다.

대문에서 약간 어긋나게 위치하여 출입할 수 있도록 심지 않고 비워 둬서 출입구를 대신한다. 트여진 한쪽을 막아줌으로써 폐쇄도를 높여 공간을 아늑하게 하기 위함과 동시에 꽃나무를 5색으로 심어 엮으면 5색의 꽃이 수놓은 병풍과 같이 아름답다고 하여 꽃을 즐기기 위한 장식용으로도 쓰였다. 내부담장을 취병으로 하여 담장의 역할도 했다(아치형으로 만들기도 함). 궁궐에서는 취병의 형태가 직선, ㄱ자형이나 후원에서는 곡선으로 설치했고, 취병의 수종은 주로 상록수를 이용하고 대나무, 향나무, 주목, 측백, 사철나무, 등나무 외 화목류를 사용하여 아름답게 장식했다.

담장용 생울타리를 만들 때는 버드나무나 느릅나무의 한 척짜리 삽수를 비스듬히 꽂아 두께(相去)가 2척이 되도록 하며, 어느 정도 자라면 서로 엮는데 너무 팽팽하게 묶으면 죽어서 느슨히 묶을 때도 있다. 이듬해 봄에 옆으로 나간 가지를 자르고 그 이듬해 봄에 웃순을 잘라서 가지런히 다듬고 울타리 높이는 7척이 되도록 하여 매년 덤불 사이의 죽은 가지를 잘라준다. 형태는 자유롭게 용모양, 뱀모양 등으로 하고 재료는 버드나무, 느릅나무 등을 사용한다.

연못의 연은 수심이 2m 정도까지 자랄 수 있고 퍼지는 힘이 강하여 연못 전체에 꽉 차게 자란다. 홍색이 쇠퇴하게 되어서 백색과 홍색을 함께 심지 않으며, 석조나 석연지에도 연을 심고, 연못의 섬에는 주로 소나무를 심는다. 『양화소록』에서는 연못에 연 외에도 여러 가지 수생식물을 심었다 한다.

나무 심는 법

· 상록교목의 수가 극히 적고 낙엽활엽수가 주가 된다. 『산림경제(山林経濟)』에서는 소나무, 향나무, 대나무의 수형 및 심는 위치, 이식 등을 상세하게 다루고 있으며, 집안에 '기독수동청(忌獨樹冬靑)'이라 하여 상록수를 심기 꺼려하였다. 낙엽활엽수에 의한 사계절의 뚜렷한 변화를 맛본다.

· 수간이 직간인 것보다 곡간인 것을 더 운치 있게 생각한다. 인위적으로 수형을 변형시킨 것은 인공미를 나타내기 위함이 아니라 극도의 자연미를 표현하기 위함과 동시에 그런 형태가 상징하는 인고忍苦의 멋을 보기 위한 수법이다.

· 수관(樹冠 · Crown)이 탑형인 것보다 타원형이 주가 된다. 열대지방 수목은 상방광선을 받아들이기 유리한 둥근 형태의 수관이고 한대지방 수목은 측방광선을 받아들이기 유리한 탑형의 수관이며 우리나라는 온대지방이므로 타원형이 대부분이다.

· 과일수가 차지하는 비중이 높다. 『양화소록』에는 석류와 귤나무 만이 쓰였으나 조선시대의 『산림경제』에는 棗(대추나무), 李(자두나무), 杏(살구나무), 桃(복숭아나무), 梨(배나무), 柿(감나무) 등에 관해서 집안에서 심는 위치 등을 상세히 기술하고 있다. 이것은

중세에 풍비했던 유교에서 이용후생을 위한 실용적 학풍발달의 영향인 듯하다.

· 화목의 종류가 많다. 고시조에서의 출현빈도를 보면 대부분 꽃이 주가 된다. 과일나무일지라도 복숭아꽃, 매화, 배꽃, 오얏꽃, 살구꽃처럼 꽃이 탐스러운 것의 출현 빈도가 크다.

· 한 품종에 여러 가지 꽃색이 있을 경우, 백색과 황색을 최고로 쳤다. 백색기호는 한민족이 백색을 사랑하는 백의 민족성 때문이라 본다. 황색은 우주만물인 오행의 중심이라 여겼기 때문이다.

· 산야에 야생초화의 이용이 적다. 『임원십육지』에 몇 종류 나타나며, 꽃이 매우 화려하다. 대부분은 훼(卉)이라 생각하여 사용하지 않았다.

나무 심는 기본 이론

· 음양의 조화에 맞춘 나무심기는 3/5의 양과 2/5의 음이 원칙상으로 가장 이상적인 결합이다. 음을 취할 때 집안의 습기를 중시하여 건물가까이는 꺼려했다.

· 풍수지리원리에 따랐다. 주택지로서 지형이 적합치 않을 때는 수목을 적절히 심어서 지형의 불량에서 오는 불익을 개선할 수 있도록 했다. 비보의 기능이다.

· 식물의 생태적 특성에 따라서 심는 법

『산림경제』, 「택목宅木, 잡기雜忌」에 북쪽에 심기를 피하라고 한 동백, 春栢(춘백), 영산홍, 석류, 月桂(월계) 등은 모두가 내한성이 극히 약하여 중부지방에서는 노지에서 월동할 수 없는 것들이다.

· 기능적으로 나무 심는 법에서 우리나라의 풍향은 겨울에는 북서풍이 불고 여름에는 남동풍, 남서풍이 불어서 남서쪽의 큰 나무는 여름의 시원한 바람만 막아줄 뿐이므로 나쁘다는 뜻이며, 북서풍을 막아주고 여름에는 하지의 강한 햇살이 북서쪽으로 힘껏 넘어가므로 뜨거운 햇살을 막아주기 때문에 좋다는 뜻이다.

찾아보기

찾아보기

Symbols

8경	42. 48
10경	42
20경	42
33계단	312
『궁궐지』	124
『동국여지승람』	84
「산림경제」	67
「산림경제」 복거조(卜居條)	66
『삼국사기』 무왕(武王) 35년(634)	79
『삼국사기』 백제본기 진사왕辰斯王 7년(391)	78
『안압지 발굴 보고서』	83
「어부사시사」 40수	169
『용성지(龍城志)』 누정(樓亭)	120
『임원십육지(林園十六志)』	67
『주역』 「건(乾)」	168
'포석'(砲石)	103

ㄱ

가산	5. 8. 81. 64. 79. 239. 241. 250. 253. 265. 299
가산(假山)	299
각(閣)	31. 33
간수(澗水)	5. 208. 209
강담	70
강선루(降仙樓)	36. 48

강위(姜瑋)	82
강희맹(姜希孟)	242. 265
거북	74. 85. 86. 146. 284. 285
거푸집	68. 70. 74
견훤(甄萱)	102
경복궁(景福宮)의 아미산(峨嵋山) 정원	257
경복궁 교태전 후원	281. 296. 298
경복궁 아미산 후정	215. 216
경복궁 자경전(慈慶殿) 십장생(十長生)굴뚝	281
경애왕(景哀王)	102
경정	36. 136. 137. 138. 139. 140
경정(敬亭)	36. 136. 138
경정잡영 32절(敬亭雜詠三十二絶)	140. 141
경정잡영·서석지(敬亭雜詠·瑞石池)	137. 171
경체정(景棣亭)	36
경호루(鏡湖樓)	41
경회루	36. 42. 298
경회루(慶會樓)	36
계간	5. 8. 206. 164. 206. 207. 209
계간(溪澗)	5. 206. 207. 209
계단(階段)	311
계담(溪潭)	207
계류(溪流)	206
계림향교(鷄林鄕校)	231
계림향교의 우물	233
계원(溪園)	164
고구려 우물	227
고려사(高麗史)	203. 205. 233
고려시대 석등	291
고려 태조 10년	102
고루(鼓樓)	37

고산	164, 166, 170
고산(孤山) 윤선도(尹善道, 1587~1671)	164
고산수정원(枯山水庭園)	260
고암정사(鼓岩精舍)	162
고용후(高用厚)	59
곡담	68, 72, 74
곡담(曲墻)	68
곡수연	104
공공마당	321, 323
공동우물	225, 234
공산성	79
관(館)·(觀)	31, 33
관동별곡	42
관동팔경	42, 48
관란정(觀瀾亭)	41
관람정(觀纜亭)	42
관서팔경	42, 48
광통루(廣通樓)	119
광풍각	41, 160, 162, 163, 173, 206
광풍각(光風閣)	41, 162, 173
광한루	36, 119, 121, 123, 171
광한루(廣寒樓)	36
광한루기(廣寒樓記)	120
광한루원	119, 171
광한루원(廣寒樓苑)	119
광화문 앞 해태	317
교태전	280, 281, 283, 296, 297, 298, 299, 300
교태전 복원공사	300
구당서(舊唐書)	279
구품연지(九品蓮池)	105
구형석	86

구황동 연못	96
구황동 원지	93. 97
구황동 원지 화분 분석	97
국담(菊潭)	133. 134
국담(菊潭) 주재성(周宰成)	133
국장생 석비	16
굴뚝	279. 277. 278. 279. 280. 281. 282. 283. 284
궁남지(宮南池)	80
규장각	127. 128
규장각도	124
근사재(近思齋)	146
근정전. 인정전 뜰	321. 323
금산사	216. 233
금선정(錦仙亭)	36
금성정(金城井)	229
기단형(基壇形)	311
기단형 계단	312
기대승(奇大升)	58
길상(吉祥)	284
김류(金鎏)	58
김성일(金誠一)	198
김안국(金安國)	186. 190
김옥균	27
김용(金涌)	186
김우옹(金宇顒)	254
김인후	161. 266
김정희(金正喜)	209
김창업(金昌業)	177
김창협(金昌協)	189
김홍도(金弘道)	256
꽃담	62. 67. 73. 74

ㄴ

나무 울타리(籬)	58
나정(蘿井)	104. 229
낙기난(樂飢欄)	167
낙선재(樂善齋)	257
낙하담(落霞潭)	216. 299
남간(南澗)	155
남간사지	173. 231. 233
남간사지(南澗寺址)	231
남간정사	154. 155. 156. 157. 158. 172. 173. 208
남간정사(南澗精舍)	156
남간정사중건상량문(南澗精舍重建上樑文)	155. 173
내성 유곡 권충재 관계 유적	144
널빤지 울(板墻)	70
노장사상(老莊思想)	243
농산정(籠山亭)	36
농월정(弄月亭)	36
누	31. 33. 34. 41
누(樓)	31. 33
누각	31. 33. 42. 59. 201
누각(樓閣)	31. 33
누정	4. 8. 33. 31. 4. 33. 37. 39. 40. 41. 42. 48. 144
누정시	42
능파정기(凌波亭記)	38

ㄷ

다리형 계단	312
다산	57. 63
다산 정약용(丁若鏞)	57
단원도(檀園圖)	257. 260

닭실〔酉谷〕	145
담양 소쇄원	32. 41. 136. 162. 204
담장	4. 8. 64. 34. 49. 51. 64. 66. 67. 69. 71. 74. 95. 102. 131. 135. 144. 163. 262
당(堂)	31. 33
당(塘)	177
당간	9. 11
당산제	20
당시	66. 91. 93. 97. 119. 120. 123. 137. 141. 152. 169. 172. 283
당싱후	16
대	2. 31. 33. 34. 39. 42. 44. 52. 94. 95. 97. 160. 169. 182. 200
대(臺)	31. 33. 34. 39
대로(大路)	27
대봉대(待鳳臺)	160. 173
대사(臺榭)	33
대석(臺石)	300
대성산성	77. 78
대성산성(大成山城)	78
대아미타경(大阿彌陀經)	192
대오(臺塢)	63
대정(大井)	235
대학 장승	22
덕수궁 정관헌(靜觀軒)	290
도교사상	243. 244
도교 신선사상	78. 83. 117
도오(桃塢)	160
독락당(獨樂堂)	36
돌각담	68. 70. 73
돌벅수	18

동국여지승람(東國輿地勝覽)	82
동궐도	124. 127. 257. 289. 291. 293
동궐도(東闕圖)	257. 289
동네공동작업장	321. 323
동네마당	321. 323
동네우물마당	321. 323
동대	165. 169
동대(東臺)	165
동문선(東文選)	38
동선체계(動線體系)	25
동성왕(東城王) 22년(500) 봄	79
동수묘(冬壽墓)의 벽화	279
동지(東池)	108. 232
동지누각(東池樓閣)	37
동하	167
동하각	166. 167
동하각(同何閣)	166
두창(痘瘡 : 천연두)	297
두창래습(痘瘡來襲)	299
뒷마당	323. 324
등루(燈樓)	37

ㅁ

마당	321. 323
막돌담장	72
만경루(萬景樓)	40
만하루지(挽阿樓池)	79
만휴정(晩休亭)	36
망양루(望洋樓)	40
망양정	40. 48
망해루(望海樓)	35. 80

망해정(望海亭)	80
맞담	67, 70, 72
매대(梅臺)	164
매월당(梅月堂) 김시습(金時習)	82, 191
맹자	167
면앙정 30영	42, 48
면회담(面灰墻)	68
명옥헌(鳴玉軒)	36
모정	4, 8, 44, 46
목가산	5, 7, 8, 252, 252, 253, 254
목백일홍(木百日紅)	196
목재 귀틀	91
못	35, 38, 46, 52, 79, 80, 81, 82, 83, 84, 88, 91, 108, 110, 125, 131, 147, 163, 165, 168, 169, 171, 175, 177, 185, 186, 189, 191, 194, 197, 200, 201, 236
무기(舞沂)	133, 134
무기연당	133, 135
무량수경(無量壽經)	192
무릉도원	196, 262
무산12봉	82, 84
무영탑	112, 113
무영탑(無影塔)	112
무왕 37년(636) 8월	80
무왕 39년(638) 춘삼월	80
문루(門樓)	37, 41
문무왕 14년(674)	82
문채판(文彩版)	299
물고기	46, 111, 125, 153, 184, 250
물확	213, 215
미륵	15, 17, 20

미성대(美成臺)	41

ㅂ

바깥마당	321. 323
바자울	69
박제가(朴齊家)	27. 57
박지원(朴趾源)	200
박팽년(朴彭年)	128
박황(朴愰)	306
반월성(半月城)의 숭신전(崇信殿)	231
반죽동(班竹洞)	217
방(房)	31. 33
방도(方島)	169
방장	35. 83. 115. 117. 119
방장도	120. 123
방장선산	34. 80. 84
방장선산(方丈仙山)	80
방장정	121
방지	5. 8. 117. 80. 115. 117. 118. 195. 198. 200. 201. 207
방지(方池)	5. 80. 198. 201. 5. 198. 207. 5. 198
방지방도(方池方島)	115. 117
방지쌍방도(方池雙方島)	119
방지원도	115. 117. 119. 123. 129. 198
방지원도(方池圓島)	117. 198
방호정(方壺亭)	36
방화담(防火墻)	66
배산임수	297. 302
백련(白蓮)	193
백련당(白蓮堂) 연못	195
백운교(白雲橋)	105. 312

백운정기(白雲亭記)	38
백제 궁남지	84
백제 우물	228
백화정(百花亭)	40
벅수	16, 18
벅수상	18
법수	16
법주사	72, 216, 221, 312
법주사(法住寺)의 석연지	216
별서	136, 150, 160
별서(別墅)	136, 150
병천정(瓶泉亭)	38, 39
보길도지	166, 170
봉래	35, 40, 83, 115, 117, 119, 121
봉래도	120, 123
봉수로(烽燧路)	26
부벽루(浮碧樓)	38
부여(扶餘) 석조	219
부용(芙蓉)	194
부용정(芙蓉亭)	123
부용정(芙蓉亭)	36, 42
부용지	123, 125, 288, 289
북궐도(北闕圖)	299
북한문화유적발굴개보(北韓文化遺蹟發掘槪報 1991)	227
분장(粉墻)	73
분황사(芬皇寺)	233
분황사(芬皇寺)의 우물	230
불국사	105, 112, 233, 312
불국사고금창기	112
불국사 고금창기(古今創記)	105
불로장생(不老長生)	121

불로장수	83
비보	20. 299
비보(裨補)	299
비정형지	5. 117. 144
비천	5. 8. 205. 41. 203. 205. 206. 207
비홍교(飛紅橋)	165

人

사고석담	68. 74
사괴석담장	72
사금갑(射琴匣)	109
사랑마당	321. 323. 324
사립문	4. 8. 57. 56. 57. 58. 59
사우단	139. 140
사우단(四友壇)	139. 140
사정기비각(四井記碑閣)	126
사찰의 벽수	18
산림경제	325. 329
산림경제(山林経濟)	325. 329
산중신곡	169
삼가헌	128. 129
삼가헌(三可軒)	128
삼공불환비강산(三公不換比江山)	37
삼국사기(三國史記)	229
삼국사기」 옥사조(屋舍條)	65
삼국유사	31. 33. 97. 109. 219. 230. 237
삼신산	5. 80. 83. 117. 251
삼신산(三神山)	80. 251
삼십오금입택(三十五金入宅)	230
상경용천부	81
상심(象審)	101

상위신	20
상춘정(賞春亭)	37
새 숭배사상	12
생울타리	69. 70
서거정(徐居正)	38. 179. 197. 265
서대	165. 169
서대(西臺)	165
서석지	53. 136. 137. 140. 141. 171
서석지(瑞石池)	137. 140
서석지부(瑞石池賦)	137
서지(西池)	107
서천 벅수	18
서출지	109. 110
서출지(書出池)	109
서향각(書香閣)	126. 128
석가산	5. 7. 8. 119. 163. 239. 240. 241. 242. 243. 244. 245. 246. 247. 249. 251
석가산(石假山)	163
석가탑(釋迦塔)	112
석간(石澗)	5. 208. 209. 210
석경(石景)	42. 48
석등	6. 8. 125. 287. 8. 288. 289. 290. 291. 292. 293. 287. 6. 288. 289. 290. 291. 292. 293
석문(石門)	136. 137
석문(石門) 정영방(鄭榮邦. 1577~1650)	136
석수	6. 8. 317. 315. 317
석연지	213. 215. 216. 306. 324
석연지(石蓮池)	306
석정(石井)	235
석조	5. 8. 215. 125. 213. 214. 215. 218. 219. 220
석천(石泉)	190

선경(仙境)　40. 196

선돌　12. 20

성왕(聖王) 16년(538)　79

세연(洗然)　166

세연정　164. 166. 167. 168. 169. 170. 207

세연지(洗然池)　164

소광정기(昭曠亭記)　45

소당　5. 177. 181. 184. 186. 188. 235

소당(小塘)　5. 181. 186. 188. 5. 181. 235. 5. 181

소도(蘇塗)　13

소로(小路)　27

소쇄원(瀟灑園)　41. 160. 173

소쇄원 30영　161. 173

소쇄원 48영　42. 161. 164. 173

소쇄원도　161

소쇄처사양공지려(瀟灑處士梁公之廬)　161

소요정(逍遙亭)　36

소정(小亭)　162

소지왕 10년(448)　109

솟대　4. 8. 9. 11. 12. 13. 15. 20 . 21

송간(松澗)　5. 208. 209. 210

송도팔경(松都八景)　42. 48

송상기(宋相琦)　190

송시열　154. 156. 158. 202. 208

송준길(宋浚吉)　186

수경(樹景)　42. 48

수경(水景)　42. 48

수기(水氣)　215

수선루(睡仙樓)　36

수정(壽井)　235. 236

수호신　22

수호신상	19
순조실록	127
순천 박씨(順天朴氏)	128
청동기 시대	12
시국장승	21, 22
시비(柴扉)	63, 64
식영정	36, 42, 48, 160
식영정(息影亭)	36
식영정 20영	42, 48
신광한(申光漢)	57
신라시대의 우물	225, 233
신라시대 흥륜사(興輪寺) 석조	220
신라의 우물	229
신명대(神明臺)	35
신선	83, 89, 121, 166
신선(神仙)	121
신선사상	35, 78, 121, 243, 244
신증동국여지승람	40, 100
심원정(心遠亭)	36
십장생	73, 74, 278, 281, 283, 284, 285
십장생(十長生)	73
십장생 굴뚝	278, 284
쌍도정	116, 117, 118, 119
쌍도정도	117, 118, 119
쌍도정도(雙島亭圖)	117

ㅇ

아미산	215, 216, 217, 257, 262, 280, 282, 283, 284, 296, 297, 298, 299
아미산신인	298
아미산원	281, 297, 299, 300

아미산원 복원사업	300
아미산의 굴뚝	283
안마당	321, 323
안압지	7, 76, 82, 83, 84, 85, 86, 90, 91, 92, 93, 94, 100, 259
안압지 조영계획	85
안양루	36
안학궁	77, 78
알영정(閼英井)	229
암정(巖亭)	150
애련정(愛蓮亭)	42
애양단	160, 161, 163, 173
애양단(愛陽壇)	161, 173
야옹정(野翁亭)	42, 48
야요이 시대	12
양산보(梁山甫)	160
양심대	134, 135
양심대(養心臺)	134, 135
양화소록	300, 302, 324, 327, 329
양화소록(養花小錄)	300, 324, 327
양화정(養和亭)	41
어무산신	101
어무상신	101
어부사시사	169, 170
어수문(魚水門)	126
어화원유지(御花園遺址)	81
역로(驛路)	26
연꽃	52, 97, 111, 132, 148, 177, 179, 180, 184, 187, 188, 192, 194, 195, 196, 197, 202, 216, 219, 221, 270, 284
연당	5, 8, 44, 5, 48, 191, 197

연못	4, 5, 7, 8, 48, 52, 77, 79, 82, 88, 91, 92, 94, 95, 78, 96, 75, 115, 117, 99, 107, 108, 117, 118, 119, 121, 123, 124, 130, 131, 135, 140, 144, 145, 157, 163, 175, 176, 177, 178, 192, 193, 198, 199, 201, 329
연적	254
연화교(蓮花橋)	312
열화(悅話)	141
열화정	141, 142
영귀문(詠歸門)	134
영남루(嶺南樓)	38
영락정	40
영롱담(玲瓏墻)	73
영모당시서(永慕堂詩序)	47
영조법식(營造法式)	313
영조척(營造尺)	28
영주	35, 83, 121
영주각	121
영주도	120, 123
영지(影池)	112
영호루(映湖樓)	41
영화당(暎花堂)	124, 126
옆마당	321, 323, 324
옛길	4, 8, 25, 23, 25, 28
오곡문(五曲門)	161, 162, 173
오곡폭포(五曲瀑布)	211
오도일(吳道一, 1645~1703)	242
오성십이루(五城十二樓)	35
오암	160
오작교	120, 122
오희상	64

옥가산	5. 7. 8. 254. 254. 256
옥정(玉井)	235
와유	239. 241. 251. 265
와유(臥遊)	241. 265
완월정(玩月亭)	123
외나무다리	163
외담	67
요수정(樂水亭)	36
용	85. 86. 209
용강동 원지	92
용성지(龍城誌)	121
용후(龍喉)	85
우물	5. 8. 95. 126. 225. 226. 227. 230. 223. 228. 229. 230. 231. 232. 233. 234. 235. 237. 326
우암(尤菴) 송시열(宋時烈)	154
울타리	4. 8. 63. 57. 58. 63. 64. 74. 326. 328
월당(月塘)	44
월성 4호 해자	100
월성 해자	98
월지	7. 82. 93
월지(안압지)	93
월지옥전(月池嶽典)	82
유도원(柳道源)	236. 255
유상곡수(流觴曲水)	100
육각형 석조유구	96
육각형 유구	95. 97
육우물골(六井洞)	233
윤기(尹愭)	178
윤선도	164. 169
음양오행	115. 117
음양오행사상(陰陽五行思想)	125

읍청거(挹淸渠)	139
읍청당	195
읍청당(揖淸堂)	195
의상대(義湘臺)	36
의자왕(義慈王) 15년(655) 2월	80
의종 11년(1157)	205
의풍루(儀風樓)	37
이건(李健)	57
이동보에게 답함(答李同甫)	159. 173
이만부(李萬敷)	181. 184. 235. 292
이매창	64
이색(李穡)	206
이세백(李世白)	58
이수(里數)	27
이수완(李秀莞. 1500~1572)	142
이승소(李承召)	242. 244. 265
이식(李植)	188
이식(李湜)	179
이요당(二樂堂)	110. 111
이유번(李惟蕃. 1545~?)	142
이익(李瀷)	57. 187
이정표	27
이정표(里程標)	27
이종상(李鍾祥)	84
이종휘	243. 266
이종휘(李種徽)	243
이준(李埈)	188
이창묵(李敞默)	196
이춘영	64
이호민(李好閔)	185. 197
익산 왕궁리 유적의 정원	80

인용사(仁容寺) 우물	232
인용사 연못	107
인자요산(仁者樂山)	242
일각문(一角門)	4. 51
일본 아스카	86
일본 아스카시대	83
일섭	143
일섭문(日涉門)	143
일월성신(日月星辰)	72
임대정(臨對亭)	195
임류각(臨流閣)	33. 79
임억령(林億齡)	191. 265
임원십육지(林園十六志)	67. 300. 325
임천잡영 16절(臨川雜詠十六絶)	141
임해전	82. 85. 86. 232
임해전(臨海殿)	85. 86
입구형 계단	312

ㅈ

자경전 후원의 십장생 굴뚝	283
장가장(張家墻)	66
장갱(長坑)	279
장독	269. 270. 271. 272
장독대	5. 8. 269. 267. 269. 270. 271. 275
장순용(張舜龍)	66
장승	8. 9. 11. 12. 13. 20. 13. 15. 21. 4
장시발타(長侍勃陀)	73
장식 굴뚝	299
장신구	85
장자(莊子)	243
장현광(張顯光)	184

장혼(張混)	58
재매정	229, 230, 233
재매정(財買井)	229
재매정 우물	230
전남 보길도 부용동	136
전돌담	68
정(亭)	31, 33, 145
정간루(井幹樓)	35
정감록(鄭鑑錄)	145
정릉사지(定陵寺址)	78
정림사지(定林寺址)	80
정범조	243, 265
정범조(丁範祖, 1723~1801)	243
정선	117, 118
정약용(丁若鏞)	179, 189, 206
정영방	136, 137
정우(淨友)	57, 194
정유일(鄭惟一)	178
정조	123, 125, 126, 128, 181, 256, 301, 302
정조(正祖)	126, 181, 302
정호(鄭澔)	187
제월광풍관(霽月光風觀)	126
제월당	41, 162, 163, 173, 206
제월당(霽月堂)	41, 162, 173
조광조	160, 172
조선고적도보(朝鮮古蹟圖譜)	300
조선시대 조경식물	324
조선 우물	234
조찬한(趙纘韓)	34, 210
영조척(營造尺)	28
조탑	20

군자정(君子亭)	36
존덕정(尊德亭)	36. 42
종루(鐘樓)	37
종묘정전마당	321. 323
종병(宗炳. 375~443)	241
주돈이(周敦頤)의 《애련설(愛蓮說)》	192
주무숙(周戊叔)	195
주사위	85
주일재	136. 137. 138. 139
주일재(主一齋)	136. 138
주합루(宙合樓)	126
죽간(竹澗)	209
죽림재(竹林齋)	162
죽서루(竹西樓)	40
중국 진시황	83
중동(中洞) 석조	217
중로(中路)	27
중문간마당	321. 323
중용(中庸)	242
중화지기(中和之氣)	170
증점의 고사	135
지(池)	177
지당	5. 8. 177. 48. 136. 139. 162. 177. 178. 179. 180. 181
지수정(止水亭)	38
진경산수화	43
진압	299
진융루(鎭戎樓)	41
진주지(眞珠池)	78
짐대	9. 11. 15

ㅊ

창경궁(昌慶宮)	257
창덕궁(昌德宮) 연경당(演慶堂) 사랑채	257
창덕궁 부용지(芙蓉池)	289
채수	40. 242
채수(蔡壽)	40
채제공(蔡濟恭)	184
책(柵)	70
처사공실기(處士公實記)	160
척관법(尺貫法)	27
천원지방(天圓地方)	115. 117. 125
천천정(天泉亭)	33
청(廳)	31. 33
청(淸)의 유연정(劉燕庭)	73
청간정(淸澗亭)	40
청암정	42. 44. 144. 145. 146. 150. 172
청암정(靑岩亭)	42
청암정기(靑巖亭記)	146
청연각(淸燕閣)	37
청운교(靑雲橋)	312
체화정(棣花亭)	42
체화정(棣華亭)	36
초간(草澗) 권문해(權文海. 1534~1591)	150
초간일기(草澗日記)	152
초간정(草澗亭)	36. 150
초간정사사적(草澗精舍事蹟)	151. 152
초간정술회(草澗亭述懷)	152
초간집(草澗集)	151
촉석루(矗石樓)	38
총석정(叢石亭)	40
최식(崔植)	306
추나정(鄒蘿井)	229

춘당대	127
충재	144. 145. 146. 147. 150. 171. 172
충재(冲齋)	144. 145. 171
충재(冲齋) 권벌(權橃. 1478~1548)	144
취벽(翠壁)	73
취병(翠屏)	127. 328
취운정기(翠雲亭記)	40
칠보교(七寶橋)	312
칠암(七岩)	169
칠암헌(七岩軒)	167

ㅋ

큰 우물(大井)	235

ㅌ

탑동 손목익	230
태양 숭배사상	12
태평정(太平亭)	41
태화루	38
택리지(擇里志)	145
토담	66. 68
토석담(土石混築)	68
토예거(吐穢渠)	139. 140
특교식장생표주	16

ㅍ

파산서당기(巴山書堂記)	128. 131
팔각전(八角殿)	37
팔선전(八仙殿)	37
평지형 계단	312
평천장	43. 160

포석(鮑石)	103
포석정	100, 101, 102, 103
포석정지의 우물	232
폭포	5, 8, 205, 34, 158, 204, 208, 211
품계(品階)	65
피향지	195
피향지(披香池)	195

ㅎ

하(荷)	193
하서(河西) 김인후(金麟厚)	161
하엽정(荷葉亭)	128, 129
하위신	20
하지	5, 8, 198, 71, 88, 89, 106, 172, 191, 198, 272
하풍죽로당기(荷風竹露堂記)	51
하화(荷花)	194
하환	134
하환(何換)	134
하환정(何換亭)	36
하환정도(何換亭圖)	135
하환정중수기(何換亭重修記)	133, 134
한우물(大井)	233
함월지(涵月池)	216, 299
함허정(涵虛亭)	36
해동지도(海東地圖)	122
해자	98, 99, 100
행랑마당	321, 323
향원정	42
헌(軒)	31, 33
현진건(玄鎭健)	113
협축(夾築)	68

호광루(呼光樓)	167
호연정(浩然亭)	36
혹약암(或躍岩)	168
홍련(紅蓮)	193
홍양호(洪良浩)	201
홍예문(虹蜺門)	4. 51
화계	6. 8. 297. 126. 144. 214. 257. 295. 296. 297. 301. 302
화랑세기	103. 104
화문담(花文墻)	73
화분	90. 97. 327
화분(꽃가루)	90
화분분석	90. 91
화분조사	97
화엄경(華嚴經)	192
화오(花塢, 꽃밭)	6. 306. 306
화장(華墻)	73
화장담(華墻)	68
화주대	9. 11
화중군자(花中君子)	194
화초담	73
환벽당	43. 160. 280
환희대(歡喜臺)	41
활래정(活來亭)	36
황희(黃喜)	119
회벽면(繪壁面)	73
홍룬사의 석조	221
희우정(喜雨亭)	126. 128